Das selbstfahrende Unternehmen

Florian Schnitzhofer

Das selbstfahrende Unternehmen

Ein Denkmodell für Organisationen der Zukunft

 Springer Gabler

Florian Schnitzhofer
Linz, Oberösterreich, Österreich

ISBN 978-3-662-63066-2   ISBN 978-3-662-63067-9   (eBook)
https://doi.org/10.1007/978-3-662-63067-9

Die Deutsche Nationalbibliothek verzeichnet diese Publikation in der Deutschen Nationalbibliografie; detaillierte bibliografische Daten sind im Internet über http://dnb.d-nb.de abrufbar.

Illustrationen: Natalie Hutterer

Planung/Lektorat: Christine Sheppard
Springer Gabler ist ein Imprint der eingetragenen Gesellschaft Springer-Verlag GmbH, DE und ist ein Teil von Springer Nature.
Die Anschrift der Gesellschaft ist: Heidelberger Platz 3, 14197 Berlin, Germany

Vorwort

Ich beschäftige mich bereits mein ganzes Leben mit der Vision und dem Denkmo-dell des selbstfahrenden Unternehmens. In der Zusammenarbeit mit europäischen Top-Unternehmen hat diese Vision eine Klarheit und einen Detailreichtum erreicht, dass sie die Grundlage dieses Buches darstellt. Ich möchte meine Vision mit den Leserinnen und Lesern teilen und je nach eigenen Interessen und Bedürfnissen die vielfältigen Möglichkeiten aufzeigen. Mit dem selbstfahrenden Unternehmen möchte ich eine wirtschaftswissenschaftliche Richtung vorgeben, in die die weitere Entwicklung der Wirtschaft und Gesellschaft gehen kann. Alle Entscheidungsträger, Unternehmer und Politiker sollen ermutigt werden, die für sie relevanten Aspekte des Denkmodells zu übernehmen, um die entscheidenden Schritte in ihren Unternehmen und Organisationen in den kommenden zehn bis fünfzehn Jahren umzusetzen.

Florian Schnitzhofer

Danksagung

Herzlichen Dank möchte ich allen ReqPOOL-Kolleginnen und -Kollegen, meinen Freunden und meiner Familie sagen, mit denen ich gute Diskussionen, Gespräche und vertiefenden Austausch zur Vision des selbstfahrenden Unternehmens hatte. Besonders möchte ich folgende Personen erwähnen:

- Philipp Ambros
- Christian Buchegger
- Martin Lenz
- Patrick Pils
- Achim Röhe
- Peter Schnitzhofer
- Jakob Strasser
- Andreas Viehhauser

Bedanken möchte ich mich bei Natalie Hutterer für die grafische Illustration der Inhalte in diesem Buch.

Ein besonderer Dank geht an meinen engagierten Lektor Dr. Bernhard Ulrich, der mir beim Verfassen dieses Buches eine sehr große Stütze war.

Meiner Frau Nina Schnitzhofer und meiner Familie möchte ich danken, dass sie mir die Zeit für die Erstellung dieses Buchs schenkten und mich bei meinem Vorhaben, die Vision des selbstfahrenden Unternehmens als Buch zu veröffentlichen bekräftigten und unterstützten.

Inhaltsverzeichnis

Über den Autor

Florian Schnitzhofer ist Managementberater für Software und Eigentümer und Geschäftsführer der ReqPOOL Gruppe. Er berät das Top-Management führender Unternehmen in Deutschland und Österreich zu den wichtigsten Themen entlang der digitalen Transformation und zu intelligenten Softwarelösungen. Herr Schnitzhofer studierte Informatik in Linz und den USA und Informatikmanagement in Wien. Er vermittelt als Lektor an verschiedenen Universitäten und Fachhochschulen die Methoden der Wirtschaftsinformatik.

Einleitung

1

Über die gesamte Geschichte der Menschheit hat sich immer wieder gezeigt, dass alles, was technisch möglich und sinnvoll war, schließlich auch in der Praxis umgesetzt wurde. Diese Entwicklung erstreckte sich von der Erfindung des Rads über tausende Jahre bis hin zur Dampfmaschine, dem Automobil und dem Personal Computer. Jene Völker und später Unternehmen, die sich diese Technologien erfolgreich aneignen, verschaffen sich seit jeher enorme Vorteile.

Heute stehen wir an einer neuen Schwelle der technischen Evolution. Die weltweite Vernetzung von Daten und der Einsatz von Künstlicher Intelligenz sorgen für nie da gewesene Potenziale in Unternehmen. Jene, die diese Potenziale bereits erkannt haben, zählen bereits heute zu den Top-Playern und erwirtschaften mit erstaunlich geringen Ressourcen unglaubliche Gewinne. Die meisten Unternehmen jedoch befinden sich noch immer auf der Stufe der Möglichkeiten der Jahrtausendwende. Mit veralteten Systemen versuchen Sie, den mit exponentieller Geschwindigkeit voranschreitenden Wandel ihres immer globaleren Umfelds zu bewältigen. Mit immer kurzfristigeren taktischen Schachzügen bündeln sie enorme Kräfte. Dies führt dazu, dass der Blick in eine verheißungsvolle Zukunft verloren geht.

In diesem Buch soll ein wirtschaftswissenschaftliches Denkmodell und eine realistische Zukunftsvision mit dem Bild des selbstfahrenden Unternehmens hergestellt werden. Alle langweiligen Routinen und Prozesse werden von der Software gesteuert, die Menschen werden für kreative und empathische Tätigkeiten freigespielt. Sämtliche Funktionen im Unternehmen sind in Echtzeit miteinander sowie mit der relevanten Umwelt vernetzt. Daraus entsteht ein Superorganismus, der mit allen Zellen im Unternehmen auf ein klares Ziel ausgerichtet ist. Dieses selbstfahrende Unternehmen passt sich ganzheitlich automatisiert an neue Anforderungen an, lernt ständig weiter, verliert nie den Fokus, ermüdet nicht und weiß

© Der/die Autor(en), exklusiv lizenziert durch Springer-Verlag GmbH, DE, ein Teil von Springer Nature 2021
F. Schnitzhofer, *Das selbstfahrende Unternehmen*,
https://doi.org/10.1007/978-3-662-63067-9_1

zu jedem Zeitpunkt über den Zustand sämtlicher Organe in seinem agilen Organismus Bescheid. Die technische Grundlage dafür gibt es bereits heute. Es geht also darum, ein klares Bild des Ziels und ein Denkmodell zu erhalten und den Weg dorthin aufzubereiten, was in den folgenden Kapiteln anhand von zahlreichen Beispielen praxisgerecht beschrieben wird.

Die Vision

2

Die Vorstellung, dass sich Unternehmen zu selbstfahrenden Organisationen entwickeln, ist im öffentlichen Diskurs noch kein Thema. Die allgegenwärtige Digitalisierung wird zwar umfangreich diskutiert – ein Zielbild, das über die kurzfristigen Entwicklungen hinausgeht, gibt es jedoch derzeit noch nicht. Aus einzelnen Entwicklungen, wie der Künstlichen Intelligenz und dem selbstfahrenden Auto, entsteht vielleicht ein unscharfes Bild, was diese Entwicklungen für unsere Unternehmen bedeuten können. Eines ist sicher: Die Erfolgreichen werden rascher diese Möglichkeiten nutzen, sie haben bereits jetzt eine Vorstellung, welche gewaltigen Potenziale aus diesen technologischen Möglichkeiten resultieren.

Um auch allen anderen diese Chancen zu eröffnen, ist es das Ziel dieses Buches, ein klares, attraktives und faszinierendes Bild der Zukunft zu schaffen, die aus den technischen Möglichkeiten resultiert.

Als Software-Strategieberater großer Konzerne wissen wir, dass selbstfahrende Unternehmen entstehen werden. Wir kennen die entscheidenden Schritte dahin und können die begleitenden Maßnahmen sehr gut abschätzen. Für uns ist das selbstfahrende Unternehmen 2035 keine Vision mehr, sondern ein Resultat, das alle erreichen werden, die schon jetzt die erforderlichen Maßnahmen setzen.

Wie sieht also diese Vision aus?

2.1 Das Unternehmen 2035

Das selbstfahrende Unternehmen wird bereits in wenigen Jahren ein Teil unserer Realität sein und es ist wichtig, diese Vision bereits vorab durchzudenken. Nicht das aktuelle Change-Projekt oder die Ziele der 5-Jahres-Strategie stehen dabei im

F. Schnitzhofer, *Das selbstfahrende Unternehmen*,
https://doi.org/10.1007/978-3-662-63067-9_2

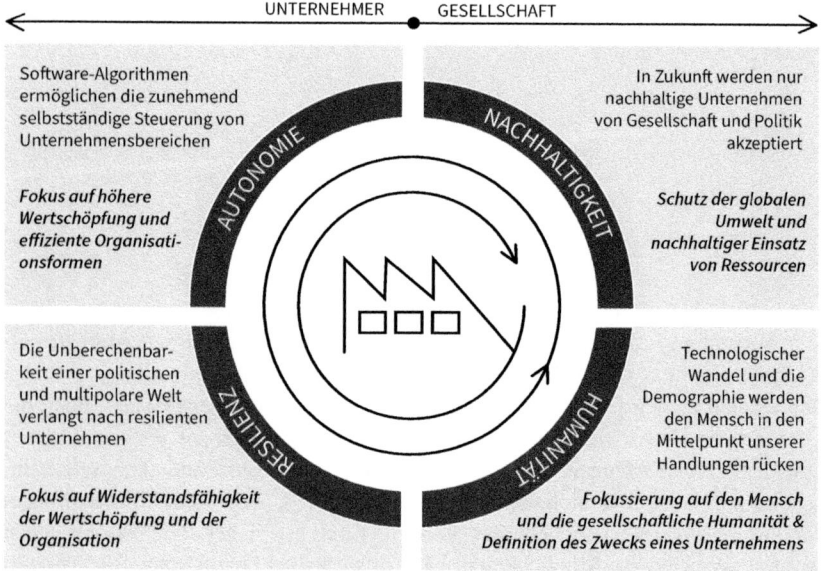

Abb. 2.1   Vier Dimensionen der Vision des Unternehmens 2035

Fokus. Die Vision reicht viel weiter und sie schließt vier elementare Dimensionen ein: Autonomie, Nachhaltigkeit, Resilienz und Humanität (vgl. Abb. 2.1).

Jede dieser Dimensionen trägt entscheidend zum Erfolg des selbstfahrenden Unternehmens bei.

2.1.1   Autonomie

Das ist der zentrale Ausgangspunkt, aus dem alle weiteren Erkenntnisse resultieren: Das Unternehmen 2035 agiert weitgehend autonom. Viele Entscheidungen werden nicht mehr von Menschen, sondern von Künstlicher Intelligenz getroffen.

Das aktuelle Problem beruht auf mangelndem Wissen und daraus resultierender Unsicherheit: Wir scheuen meist aus irrationalen Gründen davor zurück, uns aktiv mit den Möglichkeiten der Künstlichen Intelligenz (KI) für unser Unternehmen auseinanderzusetzen.

Der Grund ist nicht nur irrational, sondern höchst emotional: Denn bei vielen Menschen ist der Begriff negativ besetzt, ebenfalls vor allem aus Unwissen.

Wir benutzen zwar bereits den Google-Übersetzer oder die Text-Spracheingabe, wissen aber nicht, dass wir hier hoch leistungsfähige KI aus dem Silicon Valley benutzen. Jene, die das bereits erkannt haben, stehen dieser Entwicklung bereits etwas positiver gegenüber.

Jetzt wissen wir, dass KI eine mehrsprachige Sekretärin oder einen mehrsprachigen Sekretär ersetzen kann. Besser vorstellbar wird das komplett autonome Unternehmen erst, wenn wir weitere Aspekte mit hinzunehmen.

2.1.2 Nachhaltigkeit

Nachhaltigkeit ist schon heute ein vieldiskutiertes Thema. Nicht nachhaltige Unternehmen werden als immer weniger akzeptabel bewertet, insbesondere unter den Millennials. Diese werden 2035 einen wesentlichen Teil der Wirtschaftsakteure ausmachen.

Die These ist, dass ein autonomes Unternehmen 2035 ausnahmslos nachhaltig sein und dementsprechend wirtschaften muss.

Warum ist das gerade mit einem selbstfahrenden Unternehmen besser möglich als mit einem Unternehmen, bei dem alle Entscheidungen von Menschen getroffen werden? Weil Menschen kurzfristig entscheiden und nicht imstande sind, alle langfristigen Aspekte einer Entscheidung zu berücksichtigen. Im festen Glauben, rational zu denken, fehlen wichtige Aspekte der Nachhaltigkeit. Das selbstfahrende Unternehmen gleicht einem nach innen und außen vollständig vernetzten Organismus, der laufend alle Szenarien auf Basis aller Daten berechnet. Künstliche Intelligenz ist uns heute bereits in vielen Bereichen weit überlegen. 2035 wird sie im Sinne des Unternehmenserfolges wie auch übergeordneter ökologischer und ökonomischer Ziele die Nachhaltigkeit sicherstellen.

2.1.3 Humanität

Das Unternehmen 2035 agiert zwar weitgehend autonom, wird den Menschen jedoch in jeder Hinsicht in den Mittelpunkt stellen. Die Angst, dass die Computer den Menschen beherrschen könnten, ist völlig unbegründet. Sie haben keine eigenen Motive, keinen Willen. Sie werden auch 2035 genau das machen, wozu wir sie programmiert haben. Der Unterschied zu heute: Sie werden selbst in unglaublicher Geschwindigkeit weiterlernen. Die Richtung wird aber immer von Menschen vorgegeben.

Wir dürfen uns positiv gestimmt auf dieses Abenteuer einlassen, weil wir alle Schritte auf diesem Weg genau hinsichtlich ihrer Folgen abschätzen können, denn uns werden alle Daten und Fakten stets in Echtzeit und nie da gewesener Transparenz zu Verfügung stehen. Da alle operativen und taktischen Entscheidungen vom System getroffen werden, haben die Menschen den Kopf frei, über die humanitären Belange nachzudenken und diese zu verbessern.

Das Unternehmen 2035 muss aber nicht nur human sein, es muss auch humanitär sein. Z. B. wird jede Form der Ausbeutung von Menschen bereits heute stark kritisiert und in Zukunft noch viel weniger akzeptabel sein. Wiederum liegt der Grund dafür in der Transparenz: Es wird im selbstfahrenden Unternehmen nicht mehr möglich sein, ungünstige Praktiken zu verschleiern. Die Märkte werden ausschließlich für jene Unternehmen offen sein, die humanitäre Grundsätze strikt einhalten.

2.1.4   Resilienz

Die Zeit nach dem Ende des kalten Kriegs zeigt: Die Welt wird unsicherer, mindestens aber unberechenbarer. Das zeigt sich daran, dass viele Unternehmen kaum mehr mittelfristig vorausschauend planen können. Diese Mühe mit den mittelfristigen strategischen Zielen verstellt aber den Blick auf die große Vision, auf das selbstfahrende Unternehmen 2035.

Die zur Verfügung stehenden, umfangreichen Echtzeit-Daten sorgen im vollvernetzen Unternehmen für eine extreme Agilität und Robustheit: Diese Unternehmen werden resilient sein, d. h. sie werden auch unter widrigen Bedingungen funktionieren, z. B. in Wirtschaftskrisen oder in einer Pandemie. Vorausschauende Planung und Hochrechnungen von Echtzeitdaten ermöglichen eine resiliente Führung von Unternehmen, Risiken werden früh erkannt und können durch Simulationen hochgradig mitigiert werden.

2.2   Der Weg zum selbstfahrenden Unternehmen

Warum bereits heute der Weg zum selbstfahrenden Unternehmen beginnt, beruht zunächst auf der wachsenden Komplexität, die nicht nur in unserem alltäglichen Leben zu spüren ist, sondern auch das Agieren der Unternehmen zunehmend erschwert – immer mehr Konkurrenz, globale Absatz- und Beschaffungsmärkte, immer mehr Kundendaten, größere Produktvielfalt, individuellere Services und vieles mehr.

Diese zunehmende Komplexität kann und muss in Zukunft beherrscht werden. Dies bedingt den Einsatz von selbstlernenden Algorithmen. Mit der zunehmenden, weltweiten Vernetzung aller Geräte und Personen und der daraus resultierenden exponentiell steigende Datenmenge erreichen wir bereits heute die Grenze des menschlich Beherrschbaren.

Nach einer Studie der International Data Corporation (zit. n. Statista 2020) wird sich die Datenmenge des Jahres 2018 von 33 Zettabyte allein bis 2025 auf 175 Zettabytes mehr als verfünffachen, das sind 175.000.000.000.000.000.000.000 Bytes. Das zentrale Problem für die Unternehmen stellt dabei nicht die Speicherung dieser extremen Datenmengen dar, sondern die aktive Nutzung.

Nur mit Künstlicher Intelligenz können wir diese Komplexität erneut beherrschbar machen und bleiben auch weiterhin die Entscheidungsträger. Daher befassen sich immer mehr Unternehmen mit diesen neuen Möglichkeiten. Auslöser dieses bereits seit Jahren anhaltenden Trends ist in Wechselwirkung zur Datenmenge auch die rasche Weiterentwicklung unserer Computersysteme und der vermehrte Einsatz von Softwarealgorithmen. Dies ermöglicht die zunehmend selbstständige Steuerung von immer mehr Unternehmensbereichen bzw. Funktionen – zum Teil völlig selbstständig, zum Teil Hand in Hand mit Menschen.

Während in der Vergangenheit die Hauptaufgaben unserer Computersysteme in der Erhebung, Speicherung und Aufbereitung unserer Daten lagen, werden in Zukunft Algorithmen basierend auf unseren Daten intelligente Entscheidungen treffen und diese selbstständig ausführen – viel schneller und präziser, als wir Menschen das könnten. Die Aufgaben der Menschen werden sich auf die Vorgaben der Strategien, die Entwicklung von kreativen Lösungsansätzen und die zwischenmenschliche Interaktion konzentrieren. Vor allem Routine-Tätigkeiten und repetitive Aufgaben werden durch mechatronische Robotersysteme und intelligente Softwaresysteme ausgeführt.

2.2.1   Die Autonomiestufen

Die Umstellung zum selbstfahrenden Unternehmen erfolgt vergleichbar mit der Entwicklung der selbstfahrenden Fahrzeuge. Darum wurde auch dieser Begriff gewählt, da er leichter vorstellbar ist und daher der Vision mehr Klarheit verschafft.

Die technische Reife des selbstfahrenden, bzw. – semantisch korrekt – des „selbstadaptierenden" Unternehmens kann anhand der Autonomiestufen der

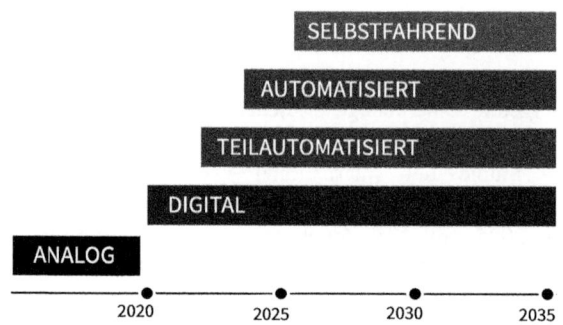

Abb. 2.2 Evolution zum selbstfahrenden Unternehmen

Abb. 2.2 veranschaulicht werden, die auch bei autonom fahrenden Fahrzeugen als Richtlinien dienen.

Ziel der Evolution zum selbstfahrenden Unternehmen ist die Weiterentwicklung aller Unternehmensbereiche vom Analogen hin zur höchsten Autonomiestufe. Auf dem Weg dorthin werden sich einzelne Teams, Abteilungen und Bereiche mit unterschiedlichen Geschwindigkeiten weiterentwickeln. Das führt dazu, dass unterschiedliche Bereiche im Unternehmen sich auf unterschiedlichen Autonomie-Levels bewegen. Nur wenn ein Großteil aller Bereiche sich vollständig transformiert hat, spricht man vom selbstfahrenden Unternehmen.

Die kommenden Abschnitte beschreiben diese Evolutions- oder Autonomie-Level und deren Bedeutung für Teams, Abläufe und Ergebnisse.

2.2.2 Analoges Unternehmen

Alle historisch gewachsenen Unternehmen starteten als analoge Unternehmen in diese technische Transformation. Bereits um die Jahrtausendwende konnten viele Unternehmen Teilbereiche ihrer Organisation „digitalisieren". Statt Papier wurden digitale Medien eingesetzt. Statt Brief und Fax wurden E-Mails versandt und Dokumente digital am PC erstellt. Dennoch spricht man hier von „analogen" Prozessen, da die Daten für Softwarealgorithmen nicht verständlich abgespeichert werden. Als Beispiel soll uns eine Eingangsrechnung dienen. Diese wird zwar am Empfang eingescannt, aber dann als PDF oder Bild-Anhang mit einer E-Mail an den Empfänger weitergeleitet. Der Inhalt und Zweck dieses Bildes bleibt dem

Softwarealgorithmus verborgen und der Verarbeitungsprozess verläuft identisch dem papierbasierten Ablauf.

2.2.3 Level 1: Digitales Unternehmen

Die Grundlage für digitale Unternehmen ist das Vorliegen aller Daten in voll digitaler Form. Diese Daten können von Softwarealgorithmen gelesen werden und sie werden inhaltlich verstanden. Mechatronische Roboter, Softwaresysteme oder externe Plattformen verwenden diese Datengrundlage und tragen zur Wertschöpfung bei. Die technischen Systeme und Algorithmen assistieren bei sämtlichen Unternehmensaufgaben – und nicht nur, wie heute in den meisten Unternehmen nur bei Teilen der Kernprozesse.

Die Planungsarbeit sowie die strategische, taktische und operative Entscheidungshoheit liegen weiterhin bei der menschlichen Arbeitskraft. Integrierte Softwaresysteme werten übergreifend Unternehmensdaten aus und schlagen für diese Entscheidungen Handlungsempfehlungen vor.

2.2.4 Level 2: Teilautomatisierte Geschäftsabwicklung

Bei der teilautomatisierten Geschäftsabwicklung übernehmen integrierte Softwarelösungen bereits die selbstständige Planung und intelligente Ausführung einzelner Geschäftsaufgaben. Diese klar definierten Einzelaufgaben werden durch menschliche Interaktion überwacht und gesteuert. Das gesamte Unternehmen basiert auf Level 2 weiterhin auf der Zusammenarbeit aus Technik und menschlicher Arbeitskraft.

2.2.5 Level 3: Automatisierte Geschäftsabwicklung

Bei Unternehmen ab diesem Level übernehmen Softwarelösungen bereits einen Großteil der Geschäftsdurchführung, Prozesse werden vollautomatisiert abgewickelt. Die Software trifft programmierte Entscheidungen und führt diese im Großteil der Fälle den Vorgaben und der Strategie entsprechend aus.

Unerwartete Ausnahmefälle und komplexe Entscheidungen bzw. Aufgaben werden weiterhin manuell ausgeführt. Die menschliche Arbeitskraft wird durch

Softwarelösungen gesteuert und unterstützt die automatische Geschäftsdurchführung. Das Management, die Planung und Steuerung des Unternehmens bleiben
weiterhin manuelle Prozesse.

2.2.6 Level 4: Selbstfahrendes Unternehmen

Unter einem selbstfahrenden Unternehmen wird ein hochautomatisiertes,
selbststeuerndes und ausführendes Unternehmen in allen seinen vorhandenen
Geschäftsbereichen verstanden. Per Definition wird in selbstfahrenden Unternehmen ein Großteil der Entscheidungen durch intelligente Softwarealgorithmen
getroffen. Nur noch seltene Ausnahmefälle müssen manuell ausgeführt werden.
Menschliche Interaktion wird für empathische, kreative und strategische Tätigkeiten automatisiert eingeplant. Der geplante Geschäftserfolg wird durch vollständig
automatisierte Prozesse erarbeitet. Das Unternehmen reagiert ganzheitlich, intelligent, schnell und präzise auf sich ändernde Marktumgebungen. Es passt sich
selbstständig im Rahmen der strategischen Vorgaben an die veränderten externen
wie internen Gegebenheiten an. Die Mitarbeiter werden automatisch rekrutiert,
mit Hilfe von demokratischen Abstimmungsprozessen wird der Fit mit der Unter-
nehmenskultur sichergestellt. Partnerunternehmen werden automatisiert und nach
prognostiziertem Bedarf beauftragt, die Wertschöpfung und Verwaltung erfolgt
durch Software-gesteuerte autonome Funktionen.

Das Management und die Shareholder des Unternehmens konfigurieren und
programmieren strategische Vorgaben und Rahmenbedingungen. Sie entscheiden
anhand von Simulationen des zukünftigen Geschäfts, aus denen sie anhand aller
verfügbaren, hochaktuellen Daten in höchster Transparenz sehen können, ob die
strategischen Vorgaben sinnvoll und umsetzbar sind.

2.3 Der Sieg der Algorithmen und das Ende der Prozesse

Zunächst werden die End-to-End-Prozesse digitalisiert und automatisiert. Mit dem
Einsatz von intelligenten, selbstlernenden Algorithmen kommt es schließlich zur
„Zerstörung" dieser Prozesse. Es entsteht ein vollständig vernetzter Gesamtorga-
nismus, dessen ehemalige Prozesse zu Teilsoftwaresystemen werden, die laufend
und in Echtzeit miteinander kommunizieren und ihren Systemstatus austauschen.
Der ehemalige, vergleichsweise starre lineare Prozess mit einem Anfangs- und
Endpunkt ist dann Geschichte. Damit wird sich auch das Denken in den Unter-
nehmen verändern, weg vom linearen Denken, von Anfang bis zum Ende eines

Prozesses und innerhalb der Abteilungsgrenzen hin zum ganzheitlich vernetzten Denken. Die Informationen dafür werden von der Software laufend bereitgestellt, wobei dies nur die relevanten oder explizit gewünschten Informationen sein werden, da ja fast alle Entscheidungen von der Software selbst getroffen werden. Die Evolution von den Prozessen hin zu den Algorithmen verläuft in den gleichen Stufen wie die Weiterentwicklung zum selbstfahrenden Unternehmen. Die Digitalisierung bereitet die Daten für die algorithmische Verarbeitung vor. Danach werden die Abläufe so programmiert, dass sie im Regelfall vollkommen automatisiert ablaufen. Die letzte evolutionäre Stufe ist die Ablöse der linearen und dann auch schon automatisierten Prozesse, hin zu intelligent vernetzten und mitdenkenden Softwaresystemen.

Nach dem Motto „Algorithmen sind Chefs – Daten sind die Währung" werden sich die Strukturen in den Unternehmen grundlegend verändern. Die Algorithmen werden alle Prozesse ablösen und ermöglichen somit eine Echtzeit-Vernetzung aller betrieblichen Funktionen, sie schaffen einen mehrdimensionalen Organismus.

Ein typisches Beispiel für einen Prozess im klassischen „analogen" Unternehmen ist das Vier-Augen-Prinzip bei Freigabe von Beträgen, z. B. einem Bewirtungsbeleg über 1.000 €, der mit der Begutachtung des Belegs beginnt und über die Einschätzung der damit verknüpften Leistung schließlich mit der Zahlungsfreigabe endet.

Beim entsprechenden Algorithmus des selbstfahrenden Unternehmens liegt der Beleg selbst wie auch alle damit verknüpften Daten in elektronischer, maschinenlesbarer Form vor. Die programmierten, Regel- und KI-basierten Algorithmen treffen sofort eine Entscheidung und lösen die gewünschte Aktionen aus, die alle weiteren Algorithmen erledigen (Anweisung des Betrages, Verbuchung, Liquiditätsplanung, laufende Projektkalkulation, Simulation von aktuell relevanten Szenarien, etc.).

Da die Definition vom selbstfahrenden Unternehmen auf automatisierten Entscheidungen beruht, lohnt es sich, tiefer in das Thema Entscheidungsfindung einzusteigen. Softwarealgorithmen treffen Entscheidungen anders als es ein Mensch tun würde. Sie berechnen aus großen Datenmengen Korrelationen, die man dann als Entscheidung wahrnimmt. Menschliche Entscheidungen werden hingegen auch bei dünner Faktenlage in Form eines wertbasierten, intuitiven Abwägungsprozesses getroffen.

Zusätzlich ist es wichtig zu verstehen, dass Künstliche–Intelligenz-Algorithmen nicht eigenständig Entscheidungen treffen, sondern menschliche Programmierer zuvor den gewünschten Entscheidungsspielraum festgelegt haben.

Technisch gesehen geschieht dies über generelle Schwellenwerte und definierte Ergebnisparameter, die dann eine Entscheidung im Einzelfall ermöglichen. Die Programmierer bzw. Programmiererinnen des Algorithmus treffen praktisch eine Meta-Entscheidung, die für alle Einzelentscheidungen eine grobe Vorgabe gibt. Die Funktionsweise von lernenden Algorithmen wird noch im Detail im Abschn. 2.5 beschrieben.

Für Künstliche–Intelligenz-Algorithmen sind die Themen „Entscheidungen treffen" und „Fehler machen" direkt miteinander verbunden. Die Basis für sinnvolles Lernen und das Treffen von richtigen Entscheidungen sind das Machen und Erkennen von Fehlern. Lernende Algorithmen erfassen eine hohe Anzahl von eingegebenen Daten und folgen damit dem programmierten Softwareablauf. Beim Treffen von Entscheidungen kommt es zu Beginn häufig zu Fehlentscheidungen. Menschen oder andere Algorithmen entdecken diese Fehler und melden sie dem Algorithmus zurück. Mittels dieses Feedback-Zyklus lernen intelligente Algorithmen. Aufgrund des gemeldeten Fehlers korrigieren sie ihre Entscheidungsparameter und die veränderte Konfiguration kommt bereits beim nächsten Entscheidungsprozess zum Einsatz. Durch das Erkennen von Fehlern lernt der Algorithmus und passt sich retrograd an, sodass er denselben Fehler kein zweites Mal machen würde. Dies ist das Grundprinzip vom unbeaufsichtigten, selbstständig lernenden Algorithmus und erklärt, warum Algorithmen zu Beginn trainiert werden müssen. Es liegt auch dem Problem zugrunde, dass die algorithmische Entscheidung nach einiger Zeit des aktiven Lernens im Einzelfall nicht mehr für den Menschen nachvollziehbar ist. Vor allem bei selbstständig lernenden Algorithmen verändert sich das Entscheidungsverhalten des Algorithmus basierend auf den rückgemeldeten Fehlern. In den kommenden fünf bis zehn Jahren werden wir diese lernenden Algorithmen immer mehr auf die einzelnen Spezialfälle in unseren Unternehmen anlernen und diese werden die Aufgaben mit hoher Perfektion erfüllen. Der nächste Schritt wird dann sein, dass die Algorithmen miteinander auf Basis der vorhandenen Daten interagieren und ein das Unternehmen durchziehendes Entscheidungsnetzwerk bilden.

Damit agiert das KI-basierte Unternehmen in einer völlig neuen Dimension, fern von den alten End-to-End-Prozessen: schneller, präziser, vielfältiger und kostengünstiger. Das Denken der Eigentümer und Top-Manager wird sich grundlegend ändern. Die Unternehmen werden völlig anders gestaltet sein, die klassischen Organigramme und Hierarchien der Aufbauorganisation werden Funktionen weichen, Grenzen innerhalb der Abteilungen werden aufgelöst, wie auch die Grenzen zu den Partnern und Lieferanten. Die Transformation wird größer sein als alle bisherigen Schritte der vier technischen Revolutionen. Sie beruht nicht nur auf stärkeren Prozessoren, mehr Speicherplatz, besseren Laptops, Netzwerken und punktuell eingesetzter Künstlicher Intelligenz. Der gewaltige Hebel entsteht dadurch, dass alles erstmals in der Geschichte vollständig integriert wird. Aus dieser umfassenden Veränderung resultiert der Gewinn an Produktivität. Damit steigt auch die Fähigkeit des Unternehmens insgesamt in extremem Ausmaß, alle Entscheidungen auf ein Gesamtoptimum auszurichten. Jeder, der länger in einer größeren, hierarchisch strukturierten Organisation gearbeitet hat, weiß, dass im Laufe der Zeit jede Abteilung ihre eigene Systemlogik entwickelt und vor allem in die eigene Tasche wirtschaftet, um sich relative Vorteile gegenüber den anderen Abteilungen zu verschaffen. Es werden Informationen zurückgehalten, Fehler vertuscht oder falsche Daten weitergegeben, die über lange Zeit unbemerkt erheblichen Schaden anrichten – oft fällt dies erst auf, wenn die betroffenen Personen längst schon die Firma verlassen haben. Mit dem selbstfahrenden Unternehmen wird das nicht mehr möglich sein, die völlige Transparenz wird zu einer Verhaltensänderung führen, da jedes Fehlverhalten sofort identifiziert wird. Das bedeutet allerdings nicht, dass die Menschen nun willenlos vom System getrieben sind. Vielmehr werden sie geistig freigespielt, um sich abseits der immer gleichen Routinen den wirklich interessanten Aufgaben widmen zu können.

2.4   Neue Organisationsformen – die Anti-Hierarchie

Viele Organisationen stehen vor der Herausforderung, auf Veränderungen am Markt, neue Technologien, wachsende Konkurrenz durch Startups, individuelle Kundenwünsche und fehlende personelle Ressourcen zu reagieren. Sie sind ständig inneren und äußeren Einflüssen und Veränderungen ausgesetzt. Die Geschwindigkeit der Veränderungen nimmt zudem aufgrund der Globalisierung und Technisierung zu.

In klassischen, hierarchisch strukturierten Organisationsformen können die schlecht miteinander vernetzten Fachbereiche aufgrund ihrer Arbeitsweise oft nicht mit dieser Geschwindigkeit mithalten – und das Potenzial der agilen Entwicklung kann nicht genutzt werden. Mit „agiler" Software und ebensolchen Organisationsformen wird es möglich, Produkte und andere Unternehmensfunktionen schnell auf diese Veränderungen anzupassen und weiter zu entwickeln. Ausschlaggebend ist dabei, dass Entscheidungen und Aufgaben dezentral vergeben und getroffen werden. Mit diesem größten Vorteil der agilen Organisationen wird sichergestellt, dass alle das gleiche Ziel verfolgen.

Damit diese Dezentralisierung erfolgreich umgesetzt wird kann, muss ein Rahmenwerk geschaffen werden.

2.4.1 Die Organisation aus theoretischer Perspektive

Organisationen bilden ein Rahmenwerk für ein System, in dem Ressourcen zur Erreichung der Unternehmensziele genutzt werden können. Diese Ressourcen müssen koordiniert werden, um einen hohen Output zu erzeugen. Dabei müssen die Aufgaben der Beteiligten vorgegeben, koordiniert und kontrolliert werden. Mit diesen Vorgaben wird die Komplexität reduziert. Für den effizienten Ressourceneinsatz entscheidend ist sicherzustellen, dass alle Beteiligten gemeinsame Ziele verfolgen. Der Erfolg von Unternehmen hängt also von der Zusammenarbeit der Ressourcen ab – davon, wie konzertiert Mensch und Technik in den einzelnen Bereichen eingesetzt werden, um die übergeordneten Ziele zu erreichen. Während dies bereits für statische Rahmenbedingungen eine schwierige Aufgabe ist, bedeutet es bei laufenden Veränderungen eine Herausforderung von höchster Komplexität. Diese Anpassungsfähigkeit von Organisationen ist allerdings mehr denn je für deren Bestehen und Erfolg maßgeblich.

2.4.2 Die Transformation zu einer agilen Organisation

Die Transformation zur agilen Organisation kann gut am Beispiel eines Softwareunternehmens illustriert werden. Durch die Ausrichtung auf die Erwartungen der Kunden bzw. Märkte entwickeln sich die Unternehmen vom IT-Service Provider hin zum Digital Solution Provider. Es wird also nicht die Produktperspektive des Herstellers eingenommen, sondern die Bedürfnisperspektive der User, auf die agil reagiert werden muss.

Hinsichtlich der Organisation dieses agilen Unternehmens ist ein vertikaler Produktschnitt Voraussetzung. Digitale Produkte werden bereits heute nicht mehr horizontal geschnitten. Bei diesen klassischen Organisationen gab es Brüche durch die Organisationseinheiten, wie etwa zwischen dem Rechenzentrum und der Entwicklungsabteilung. Mit dem vertikalen Produktschnitt können Produkte und Services ganzheitlich betrachtet und gemanagt werden. Die koordinierende Aufgabe übernehmen Produktmanager, die mit allen relevanten Akteuren im Unternehmen vernetzt sind. Von der Erhebung der Kundenanforderungen über die Entwicklung der Prototypen, das Testen, den Betrieb, das Lifecycle Management und Growth Hacking (siehe dazu Abschn. 6.1.1) werden alle Aufgaben, die das Produkt betreffen, von dem Team des Produktmanagers übernommen.

In klassischen Organisationen gibt es hingegen je Aufgabe ein abgegrenztes Team, z. B. einen Vertriebsleiter, der die Bedürfnisse des Marktes erfasst, eine Forschungs- und Entwicklungsabteilung und eine Marketing- und PR-Abteilung, die jeweils dazu neigen, ihre eigenen Ziele zu entwickeln und eigene Interessen zu verfolgen. Damit fehlen bei klassischen Organisationen die ganzheitliche Perspektive und die gemeinsame Vision für das Produkt.

Die Zusammenführung all dieser Aufgaben in einem Team erfolgt mit der Einführung von Business, Development & IT-Operations (BizDevOps). Durch diese interdisziplinären Teams wird es möglich, auf Basis einer digitalen Transformation einen erheblichen wirtschaftlichen Nutzen für das ganze Unternehmen zu generieren.

Am oben genannten Beispiel des Softwareunternehmens erfolgt die Transformation von Service Provider zum Solution Provider. Die Einführung eines vertikalen Produktschnittes erfordert eine radikale Änderung der Organisationsform. Weil die Verantwortung für ganze Produkte nun durch Teams getragen wird, muss hier auch die Entscheidungskompetenz liegen. Diese dezentrale Struktur beschleunigt die Entwicklungs- und Anpassungsgeschwindigkeit erheblich.

Es gibt verschiedene agile Organisationsmodelle, welche sich in ihren Einsatzgebieten und durch ihren administrativen Overhead unterscheiden. Die Agilität muss dabei stets auf allen Ebenen der Organisation eingeführt werden. Auch die Unternehmensführungsebene muss in die agile Arbeitsweise eingebunden sein.

2.4.3 Abteilungen und Hierarchien werden aufgelöst

Die fachliche und die IT-Expertise werden in jedem Team zusammengeführt. Diese interdisziplinären „Wirtschaftsinformatiker" werden zum Motor des digitalen Wandels. In der Praxis bewährt es sich, dafür Neueinstellungen vorzunehmen. Es hat sich gezeigt, dass es sich nicht lohnt, „alteingesessene" Boomer umzuschulen, deren Denken von den Jahrzehnten in klassischen Strukturen geprägt ist. An ihrer Stelle müssen Digital Natives diese Positionen für die Transformationsphase zum agilen Unternehmen einnehmen.

Das „alte" Management wird abgeschafft, nur charismatische „Leader" bleiben. Diese führen durch eine motivierende und authentische Kommunikation ihrer

Vision und ihre Vorbildwirkung. Das „Excel"-Management (mittleres Management) wird in den kommenden 5 bis 10 Jahren abgelöst, da Algorithmen diese
Aufgaben selbstlernend immer besser und schneller erledigen.

Statt der klassischen hierarchischen Organisation mit abgegrenzten Abteilungen werden vielseitig vernetze, selbststeuernde Teams aufgebaut. Das Management dieser selbststeuernden Teams erfolgt auf Grundlage von Zielvorgaben und
zu erreichenden Schlüsselergebnissen (Objective & Key-Results, OKR), die der
steuernden Motivation dienen.

Bei OKR geht es vor allem um die exzellente Ausführung. Das Ziel gibt die
Richtung vor und die messbaren Schlüsselergebnisse beweisen den Erfolg oder
Nichterfolg. Dieses Zielsystem eignet sich für ganze Unternehmen, für einzelne
Teams wie auch für einzelne Mitarbeiter. Die Ziele müssen inspirierend und motivierend sein. Dafür muss die Frage nach dem "Warum?" beantwortet werden
können. Ehrgeiz und Leidenschaft können bei Menschen nur entfacht werden,
wenn eine klare und überzeugende Vorstellung vom Sinn besteht.

Ziele sind bedeutsam, sie sind handlungsorientiert, sie sind inspirierend. Auch
der Rockstar Bono der irischen Band U2 hat jahrelang OKRs benutzt, um auf globaler Ebene gegen Armut und Krankheit vorzugehen. Mit der Organisation "One"
hat er sich auf zwei große Ziele für die ärmsten Länder der Welt konzentriert: Den
Schuldenerlass und einen freien Zugang zu Anti-HIV-Medikamenten.

Nach dem „Warum?" stellt sich die Frage des „Wie?", um die Schlüsselergebnisse zu erreichen. 1999 demonstrierte John Doerr OKR den Mitbegründern
von Google, Larry Page und Sergey Brin, als sie mit 24 Jahren in ihrer Garage
arbeiteten. Sergey war davon begeistert und wollte sie anwenden, selbst unter
den widrigen gegebenen Umständen, also entschied er: "Wir haben keinen anderen Weg, also probieren wir das." Seither definiert jeder Google-Mitarbeiter
seine Schlüsselergebnisse vierteljährlich. Diese werden bewertet und veröffent-
licht, jeder im Unternehmen kann sie sehen. Alle Schlüsselergebnisse dienen
dem gemeinsamen höheren Ziel: „Die Informationen dieser Welt organisieren und
allgemein zugänglich und nutzbar machen." (Doerr 2018).

Neben diesen weltverändernden Zielen – die globale Armut zu beenden oder
Zugang zu allen Informationen der Welt – lassen sich auch für jeden anderen
Bereich Ziele definieren, die über hohe motivationale Kraft verfügen.

Während das Management der Teams in agilen Organisationen von charis-
matischen Personen übernommen wird, steuern Algorithmen und Software wie
„Atlassian Jira" die Koordination dieser selbststeuernden, agilen Teams. Dafür
müssen Schnittstellen zur Steuerung geschaffen werden. Über so genannte „Back-
logs" werden Aufgaben- und Anforderungskataloge erstellt und gemeldet. Diese
übernimmt wiederum ein Produktmanager und bereitet sie für sein Team auf. Der

Scrum-Master übernimmt die Problembehandlung und das operative und taktische Managen des Teams. Über das zentrale Software-Verwaltungsorgan wird damit im laufenden operativen Betrieb automatisiert sichergestellt, dass alle Teams auf das gemeinsame, große Ziel ausgerichtet sind. Diese Software wird in weiterer Folge mittels Künstlicher Intelligenz immer schlauer.

2.4.4   Verbesserung von Arbeitsbedingungen

Ein erheblicher Vorteil von selbstfahrenden Unternehmen ist die Abschaffung menschenunwürdiger Arbeitsbedingungen. Ein dafür besonders relevantes Beispiel sind die Heerscharen an Mitarbeitern, die den ganzen Tag in ihren PC hineinschauen, um mittels Excel Berichte und Analysen herauszuziehen und aufzubereiten. Da der Mensch bekanntlich ein Gewohnheitstier ist, haben sich viele Leute über die Jahre an diese im Grunde völlig stupide Arbeit gewöhnt und können sich gar nichts anderes mehr vorstellen. Sie haben verdrängt oder bereits vergessen, wie vielfältig die Möglichkeiten des menschlichen Fühlens, Denkens und Handelns sind. Wie man gemeinsam in Teams spannende Herausforderungen bewältigt, Probleme ganzheitlich unter Einbeziehung aller Aspekte der Ökonomie, Ökologie und Ethik zum Wohl aller Menschen löst. Diese „Excel-Mitarbeitenden" werden sich bei ihrer eintönigen, aber dennoch fordernden und ermüdenden Arbeit keine Gedanken über diese Aspekte machen. Sie werden einfach stur umsetzen, was sie von oben vorgegeben bekommen, um irgendwelche Zahlenziele zu erreichen. Dies führt uns auch zu der Erkenntnis, dass der Zustand unserer Welt hinsichtlich Klimakrise, Umweltverschmutzung und Ausbeutung auf dieser Form der menschenunwürdigen Arbeit beruht. Wie die Forschung klar belegt, handelt es sich bei den Top-Führungskräften oft um narzisstische Persönlichkeiten, die über keinerlei Fähigkeit zur Empathie verfügen und mit einem sehr engen Fokus ausschließlich die unternehmerischen Ziele verfolgen. Mit den Excel-Lohnsklaven erhalten Sie willfährige Objekte, um ihre Begierden zu befriedigen.

Mit dem selbstfahrenden Unternehmen besteht berechtigte Hoffnung, dass Menschen von diesen völlig einseitigen Routinen entlastet werden, für die ein 286er Intel Rechner bereits 1982 genügend Leistung bereitstellen konnte.

2.4.5 Die zwei wählbaren Vorteile für Mitarbeitende

In diesem Kontext wird bewusst von Mitarbeitenden gesprochen, da sich die Rolle der ehemaligen Angestellten bis zum Jahr 2035 erheblich verändern wird, dazu mehr in Abschn. 6.5.

Der Produktivitätsgewinn von selbstfahrenden Unternehmen kommt zum richtigen Zeitpunkt in der jüngeren Geschichte der Menschheit. Durch den demografischen Wandel in unserer westlichen Gesellschaft werden uns 2035 signifikant weniger Arbeitskräfte zu Verfügung stehen. Die gesteigerte Produktivität ermöglicht es für die zukünftigen Mitarbeitenden in den selbstfahrenden Unternehmen, zwischen zwei Modellen zu wählen:

1. Mitarbeitende haben durch Produktivitätsgewinn höhere Gehälter.
2. Mitarbeitende haben durch Produktivitätsgewinn mehr Freizeit bei hohem Gehalt.

Dabei wird den Mitarbeitenden, soweit es ihre persönliche Lage ermöglicht, freistehen, eine der beiden Varianten zu wählen. Bei den jüngeren Generationen des Jahres 2020, den sogenannten Millennials sowie der Generation Z zeigt sich bereits ein deutlicher Wertewandel. Im Gegensatz zu den vorangegangenen Generationen von Arbeitnehmenden wollen sie nicht ihr ganzes Leben ausschließlich ihrer Erwerbskarriere widmen. Sie sind in erheblich größerem Ausmaß an einer ausgewogenen Balance zwischen Freizeit und Arbeit interessiert und streben vielmehr unterschiedliche Formen der Selbstverwirklichung an. Während das Thema Sicherheit für die älteren Generationen eine zentrale Rolle spielte, ist für diese und künftige Generationen selbstverständlich, sich lebenslang weiterzubilden und immer wieder neue Herausforderungen in Angriff zu nehmen.

Variante 1 ist vor allem für jene interessant, bei denen nach wie vor das Einkommen eine hohe Rolle spielt oder die sich in einer Lebensphase befinden, wo z. B. hohe Ausgaben im Zuge des Erwerbs von Wohneigentum zu bewältigen sind.

Variante 2 wird der Mehrheit der künftigen Mitarbeitenden entgegenkommen. Sie schätzen es, sich laufend weiter zu qualifizieren und damit auch ein immer höheres Einkommen mit weniger Arbeitszeit zu generieren. Damit müssen sie nicht mehr 50 h mit immer gleichen Routinen und ohne Perspektive im Unternehmen verbringen. Es geht also nicht mehr darum, seine Zeit im Unternehmen abzusitzen und alle 10 min auf die Uhr zu schauen, wie die wertvolle eigene Lebenszeit vergeht. Eine Praxis, die leider Jahrzehnte lang weit verbreitet und wenig hinterfragt war. Vielmehr wird es, wie bereits erwähnt, um kreative und zwischenmenschliche Tätigkeiten gehen. Vor allem bei kreativen Tätigkeiten ist der Ort der Leistungserbringung sowie auch der Zeitpunkt weniger relevant.

Das erkannte in der 1980er Jahren bereits der berühmte Kreative Walter Lür-zer, später Herausgeber des Journals „Lürzers Archiv", in dem die weltweit besten Top-Kreativ-Kampagnen publiziert wurden. Als er, noch als angestellter Creative Director bei einer Frankfurter Agentur, von seinem ausgedehnten Spa-ziergang zu spät von der Mittagspause zurückkam, wurde er von seinem Boss im Aufzug zurechtgewiesen – worauf Lürzer antwortete: Wofür bezahlen Sie mich eigentlich? Für meinen Kopf oder meinen Arsch? (Schönert 1996).

Die zunehmend kreativen Tätigkeiten werden die Menschen freispielen, sie werden dann ihre Spitzenleistungen erbringen, wenn sie auch gerade in Bestform sind. Jeder kennt die quälenden Stunden zwischen 14:00 und 16:00 Uhr, bei denen im Grunde nichts weitergeht und es besser wäre, Sport im Freien zu treiben, im Schatten einer Linde Kaffee zu trinken oder mit seinen Kindern zu spielen. Dieser typischen Leistungskurve erklärt auch, dass Teilzeitkräfte in den meisten Berufen in einem halben Tag etwa 80 % des Arbeitspensums von Vollzeitkräften erbrin-gen. Umgelegt auf die neue Arbeitssituation der Menschen im selbstfahrenden Unternehmen des Jahres 2035 bedeutet das, dass ohnehin nur 5–6 h Arbeit pro Tag erforderlich sind, um das volle Arbeitspensum eines ehemaligen Angestellten zu erreichen. Beziehungsweise wird dieses Arbeitspensum qualitativ weit über-troffen, da die Arbeit inhaltlich erheblich aufgewertet ist, weil ja die Routinen von Systemen übernommen werden.

Kreativität entsteht nicht unter Stress im engen Büro, sondern vor allem, wenn nach intensiver Auseinandersetzung eine Distanzierung vom Problem erfolgt, beim Spazierengehen, in der Dusche oder in der Badewanne, wie die Geschichte von Archimedes belegt: Der griechische Mathematiker bekam von König Heiron II von Syrakus den Auftrag festzustellen, ob seine Krone, die er sich anfertigen ließ, wirklich aus Gold bestand. Archimedes hatte damit ein bisher ungelöstes, komplexes Problem. Er wusste nicht, wie er dies anhand der schwierigen Geo-metrie der Krone anstellen sollte. Als Archimedes zu Hause in eine übervolle Badewanne stieg, und diese überlief, hatte er das Prinzip des Auftriebes (Hydro-statik) entdeckt – und die Lösung seines Problems kam wie ein Geistesblitz über ihn: Man braucht ein Vergleichs- oder Bezugsmaß von gleichem Gewicht wie die Krone. Ist die Krone aus reinem Gold und nicht etwa eine Legierung, so wird sie genau so viel Wasser verdrängen wie die Vergleichs- oder Bezugsmasse aus rei-nem Gold. Verdrängt die Krone mehr Wasser, so hat sie ein größeres Volumen und daher ein geringeres Gewicht als das gleiche Volumen des reinen Goldes. Archi-medes soll nach dieser Erkenntnis vor Freude nackt durch die Straßen gelaufen sein, ohne auf andere Menschen zu achten.

Sind also Menschen mit einer Aufgabe vollständig „committet", geben sie
ihr Gehirn nicht ab, wenn sie die Firma verlassen. Sie werden mit Freude und
Leichtigkeit in der geeigneten Situation Ideen zulassen und in das Unternehmen
einbringen.

Ein weiterer Aspekt des selbstfahrenden Unternehmens ist die Mitarbeitermotivation. Es ist leicht vorstellbar und seit Jahrzehnten wissenschaftlich belegt,
wie unter bisherigen Arbeitsbedingungen lediglich extrinsisch motiviert wurde,
also mittels Belohnung und Strafe. Die echte und nachhaltige Form der Motivation, die intrinsische Motivation, die leidenschaftliche Auseinandersetzung mit
der Sache um der Sache willen fanden die Leute höchstens bei ihren Hobbys.
Immer wieder verärgerte es die Werksleiter, wenn sie beobachten mussten, wie die
gelähmt agierenden Mitarbeiter nach klingeln der Werksglocke plötzlich aufleb-
ten, beschleunigten und voller Elan nach Hause fuhren, um sich ihrem Oldtimer,
Garten, ihren Sportsfreunden oder Mitmusikanten zu widmen.

Beide Varianten, aber vor allem Variante 2 werden diese neue Arbeitswelt repräsentieren, in der qualifizierte, in spannenden Aufgaben eingesetzte
und selbstverantwortlich agierende Menschen mit Freude und im Sinne ihrer
Unternehmen tätig sein können.

2.5   Software, Algorithmen und Künstliche Intelligenz

Software und Algorithmen gehen ursprünglich auf Entwicklungen der 1930er bis
1950er Jahre zurück (vgl. Abb. 2.3). Bereits damals entstand der Begriff der
Künstlichen Intelligenz. Bis heute ist dieser wissenschaftlich nicht exakt definiert
und abgegrenzt, es existieren verschiedene Herangehensweisen, die unterschiedliche Aspekte der Künstlichen Intelligenz (bzw. Artificial Intelligence, „AI") in den
Vordergrund stellen. Daher existieren heute ebenso viele unterschiedliche, meist
unklare Vorstellungen dieses Begriffes.

Eine klassische Definition stammt von Alan Turing (1950), einem Pionier der
Informatik, der 1950 ein grundlegendes, bahnbrechendes Modell eines Rechners
entwickelte:

„Künstliche Intelligenz liegt dann vor, wenn ich nicht mehr unterscheiden
kann, ob es sich um einen Menschen oder eine Maschine handelt."

Hier zeigt sich, dass es natürlich abhängig von der Anwendung, vom Programmierer und vom Empfänger ist, wieweit etwas als Künstliche Intelligenz entlarvt
werden kann oder nicht. So zeigt ein Beispiel aus den 1960er Jahren, dass ein
Computerprogramm, das nur Fragen wiederholt oder einfache Fragen gestellt hat,
von einzelnen Leuten als echter Mensch wahrgenommen wird. Es wurden echte

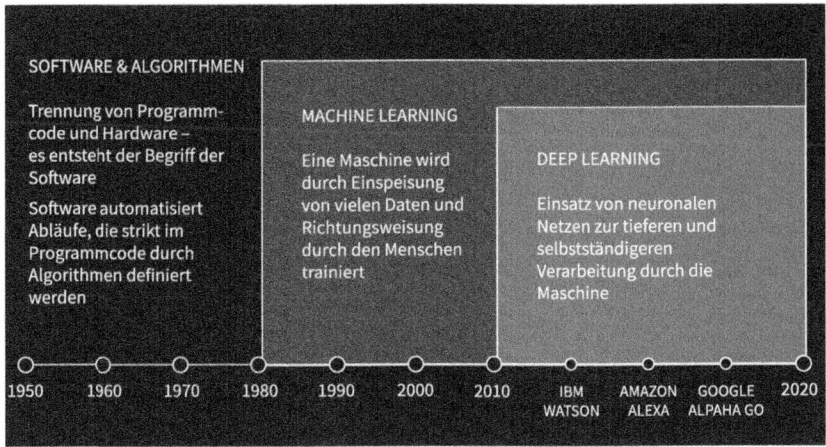

Abb. 2.3 Entwicklung von Software, Algorithmen und Künstliche Intelligenz

Emotionen freigesetzt, z. B. mit Fragestellungen wie: „Warum hat dich deine Frau verlassen?" (Weizenbaum 1966).

Hier lag also noch kein klassisch intelligenter Algorithmus vor. Genau das ist der Punkt, wo die „echte" Künstliche Intelligenz beginnt. Zunächst geht es dabei darum, Daten in ein System einzubringen, um sinnvolle Entscheidungen zu bekommen. Das System lernt anhand der Folgen seines Ergebnisses, was eine richtige und was eine falsche Entscheidung war, wodurch es in Folge immer bessere Entscheidungen trifft. Sind genug Daten da, um viele Lernsequenzen durchzuführen, kann der Computer sehr schnell lernen, er wird damit immer besser.

Zunächst liegt es am Menschen, die Daten dem System der Künstlichen Intelligenz zukommen zu lassen, also auszuwählen, welche Daten sinnvoll sind oder nicht. Da wir in einer Welt der immer größeren Datenmengen leben, steht die Künstliche Intelligenz – wie auch der Mensch – immer wieder vor dem Problem der Informationsüberflutung, „Information Overflow": Welche Informationen brauche ich, um ein Problem zu lösen – welche nicht? Jeder kennt das heute, vor allem im Umgang mit der Flut an E-Mails, mit teilweise wichtigen und hochrelevanten, teilweise aber völlig wertlosen Informationen, vornehmlich als „E-Mail an alle" adressiert.

In den folgenden Abschnitten werden Algorithmen, statistischen Verfahren und Neuronale Netzwerke hinsichtlich ihrer Funktionsweise näher erläutert, um die weiteren Entwicklungsstufen der Künstlichen Intelligenz aufzuzeigen.

2.5.1 Was ist ein Algorithmus?

Ein einfacher Weg, einen Algorithmus zu verstehen besteht darin, ihn als Rezept zu betrachten. So gibt es z. B. viele Möglichkeiten, einen Kuchen zu backen. Wenn wir jedoch nach einem Rezept vorgehen, müssen wir zuerst den Ofen vorheizen, dann die Art und Menge des Mehls abwiegen, die richtige Menge Butter, Rosinen etc. hinzufügen und den Kuchen eine bestimmte Zeit bei einer bestimmten Temperatur backen, bis er fertig ist.

Ein Programmierer oder Informatiker kann mit Hilfe von Algorithmen z. B. seinen Computer anweisen, eine Datenbank nach den Verkaufszahlen des letzten Monats abzufragen, diese mit dem Vormonat und dem gleichen Monat des letzten Jahres zu vergleichen und sie dann in einem Balkendiagramm anzuzeigen. Wenn also mehrere Algorithmen miteinander kombiniert werden, erhalten wir ein funktionierendes Programm, das für uns eine praktische Aufgabe löst, die meist eher eintöniger Art ist und bei der wir oft aufgrund von Ablenkung oder Müdigkeit Fehler machen.

So vielseitig wie diese Aufgaben sind die zahlreichen Arten von Algorithmen. Für praktisch jede Art von Aufgabe, die mathematisch gelöst werden kann, können Algorithmen entwickelt werden. Es gibt numerische, geometrische, algebraische, sequenzielle Algorithmen, bidirektionale Suchalgorithmen, sogenannte Betriebsalgorithmen und viele mehr, theoretisch ist hier keine Grenze gesetzt. Viele bahnbrechende Algorithmen wurden nach führenden Mathematikern (Euklid, Shor, Girvan-Newman) benannt, die sie erfunden haben.

Die meisten in Unternehmen eingesetzten Algorithmen lösen heute Datenverwaltungs- und Analyseprobleme, die auf folgenden Prozessen beruhen:

- Daten erstellen, bearbeiten, anzeigen, löschen
- Daten suchen
- Daten sortieren und analysieren
- Größere, komplexe Aufgaben in eine Reihe kleinerer Aufgaben umwandeln
- Muster und Cluster in großen Datenmengen identifizieren

Damit beruht auch jede Software auf einem Algorithmus. Die Interaktion erfolgt durch den Menschen, durch Zeit oder durch ein anderes angeschlossenes System.

Z. B. erledigt die Software jeden Tag um 10:00 eine Aufgabe, ein Mensch gibt über eine grafische Benutzeroberfläche mit der Maus Befehle oder ein anderes System triggert die Software an. Mehr müssen wir in diesem Zusammenhang nicht über Software wissen. Immer ist es dabei der Algorithmus, der dann mit den Daten den Job erledigt und weitere Daten generiert, die dann in irgendwelchen Datentöpfen gespeichert werden.

Das Grundprinzip von „klassischen" Softwarealgorithmen beruht im Kern auf einer sehr hohen Anzahl von WENN/DANN-Entscheidungen. Intelligente Softwarealgorithmen lernen aufgrund eines Umfelds und einer Datenbasis, sie verändern ihre Entscheidungen anhand der vorliegenden Daten. Am Beispiel des Spamfilters: Wenn das Wort „Viagra" in der E-Mail vorkommt, dann ist es zu 99 % Spam". Wenn ich eine Pharmafirma habe, wird für mich das Wort „Viagra" nicht auf Spam hinweisen. Ebenso, wenn ich eine Erektionsstörung habe. Ein intelligenter Algorithmus muss diesen Lernprozess ermöglichen.

2.5.2   Künstliche Intelligenz für Entscheidungsträger

In letzter Zeit sind im Sinne der Künstlichen Intelligenz immer mehr lernfähige Algorithmen im Einsatz, die Änderungen im laufenden Betrieb von Systemen ermöglichen, z. B. als Reaktion auf bestimmte Auslastungssituationen – wie am Beispiel der intelligenten Spamfilter erläutert.

So sind bereits heute Algorithmen das Herzstück von fast allem, was in der immer stärker digitalisierten Welt passiert. Von Google über Facebook und Amazon bis hin zu intelligenten Steuerungssystemen für Gebäudetechnik, z. B., um ein herannahendes Unwetter zu erkennen und rechtzeitig die Sonnensegel einzufahren, gekippte Fenster zu schließen und zur Sicherheit gegen Hagel die Alu-Außenrollläden herunter zu lassen.

Diese Technologien werden immer allgegenwärtiger. Wir verlassen uns in unserem Alltagsleben immer mehr auf intelligente Smartphones, Küchengeräte, Rasenmäher, Autos, Häuser, Städte und zunehmend sogar Körperimplantate. Es sind zwar alles nur Zahlen und Rechenoperationen – aber wir beginnen mit diesen Systemen bereits zu kommunizieren und zu fühlen: Wir ärgern uns, wenn sie nicht genau das machen, was wir von ihnen wollen, wir freuen uns, wenn sie brav alles schnell erledigen. So versteht Siri mich manchmal wunderbar und schickt mir gleich die Telefonnummer des nächsten Zustell-Pizzaservices. Manchmal kann sie jedoch nicht einmal das einfachste Problem lösen, wie mir zu sagen, wo mein

Autoschlüssel liegt. Dann überrascht uns der Algorithmus wieder: Wenn eine 6-jährige zu ihr sagt: „Du bist langweilig!" antwortet Siri: „Ich jongliere grade mit Feuerbällen, du kannst es nur nicht sehen!"

Mit dem kompromisslosen Einsatz von Künstlicher Intelligenz hat der Datengigant Google der Welt eindrucksvoll und höchst erfolgreich gezeigt, dass diese Technologie marktreif ist und unser aller Leben verbessern kann. In der Frühzeit des Internets, ab Mitte der 1990er Jahre nahmen die Datenmengen gewaltig zu. Es wurde immer schwieriger, sich in dem Dschungel von Websites durchzuschlagen und ans richtige Ziel zu kommen. Larry Page und Sergey Brin, beide Informatikstudenten lösten das Problem mit Mathematik. Sie programmierten im Umfeld der bereits bestehenden Konkurrenten wie Yahoo, AllTheWeb und Lycos auf Basis des „Vector Space Model" eine lernfähige Suchmaschine, die aufgrund ihrer komplexen Erfassung und Interpretation der Inhalte die mit Abstand besten Ergebnisse in kürzester Zeit lieferte.

Das System spannt eine Matrix auf, die weltweit alle Wörter einer Sprache erfasst. Dann werden alle Webseiten analysiert und die enthaltenen Wörter in dieser Matrix eingetragen. In unserem Beispiel für Webseite 1: „Verkaufen günstige Fahrräder" (vgl. Abb. 2.4). Aus diesem kurzen Text entsteht somit eine Zahlenreihe die mathematisch als Vektor interpretiert wird und die in den riesigen Sprachraum „schaut", bestehend aus Milliarden Wörterlisten.

Mein Suchbegriff „suche günstiges Fahrrad" ergibt somit ebenfalls einen Vektor. Diesen Vektor kann ich nun mit allen bereits erfassten Webseiten-Vektoren vergleichen, indem ich die Winkel zwischen den Vektoren erfasse. Je größer die Ähnlichkeit von zwei Texten, desto eher zeigen die Vektoren in eine ähnliche Richtung und der Winkel zwischen den Vektoren ist geringer (vgl. Abb. 2.5).

Das Suchergebnis ist umso besser, je kleiner der Winkel der Vektoren ist. Google berechnet also jene Treffer, die einen möglichst kleinen Winkel zueinander aufweisen (vgl. Abb. 2.6). Auf diese Weise werden und wurden alle Websites der Welt in einer Matrix gespeichert, der Google Roboter „indexiert" die Website und legt sie ab. Natürlich entspricht der Algorithmus bei Google nur ansatzweise dem oben beschriebenen und sehr stark vereinfachten Algorithmus. Mit starken statistischen und mathematischen Algorithmen wurden in den vergangenen Jahrzenten die Berechnungszeit und das Ergebnis noch weiter signifikant verbessert. Das System lernt laufend an immer mehr Parametern, wie es sich verbessern kann, z. B. daran, wie lange die Leute dann tatsächlich auf der Trefferseite verweilen – oder ob sie gleich wieder abspringen.

Mit diesem Google-Algorithmus gelang es dem Gründerduo, die menschlichen Informationsbedürfnisse am besten zu erfassen und gute Websites von schlechten

Abb. 2.4 Analyse von Texten oder Webseiten

Indizieren von Webseiten und Texten

Web 1: Verkaufen günstige Fahrräder
Web 2: Reparieren alte Fahrräder
Web 3: Bieten eBike Touren an

	Web 1	Web 2	Web 3
verkaufen	1		
günstig	1		
Fahrrad	1	1	
reparieren		1	
alt		1	
anbieten			1
eBike			1
Touren			1
suchen			

Abb. 2.5 Suchen eines Suchbegriffs

Abfrage und Suche

Suche: Suche günstiges Fahrrad

	Suche
verkaufen	
günstig	1
Fahrrad	1
reparieren	
alt	
anbieten	
eBike	
Touren	
suchen	1

Abb. 2.6
Vector-Space-Modell aller
Dokumente und der
Suchanfrage

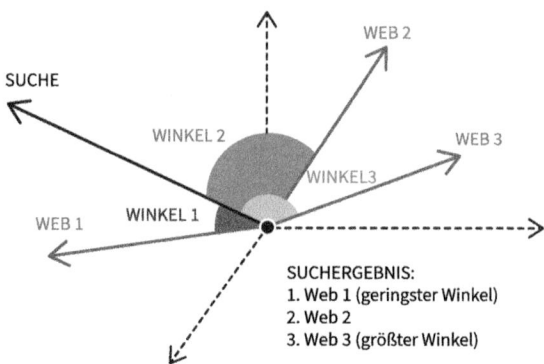

unterscheiden zu lernen. Bis heute entwickelt sich der Algorithmus weiter – und wird wohl auch von den Lesenden dieses Buches regelmäßig genutzt.

Eine kurze Anekdote, die das Grundprinzip der Künstlichen Intelligenz anschaulich und ganz einfach illustriert, stammt aus der eigenen Geschichte des Autors. Damals hatte ich einen lernenden Spam-Filter programmiert (vgl. Abb. 2.7). Was macht nun dieses Programm?

Das Programm analysiert die einzelnen Wörter in einer E-Mail und speichert diese mitsamt der E-Mail ab. Nun bekommt das System Input von einem Menschen: Dieser bringt seine Erfahrungen ein und sagt dem Programm, dass die spezifischen E-Mails Spam sind. Somit merkt sich der Algorithmus für jedes Wort in der E-Mail, das es bereits einmal in einer Spam-E-Mail vorgekommen ist. Je öfter die Benutzenden nun dem System Feedback geben, desto mehr Wahrscheinlichkeitswerte für die einzelnen Wörter kann es speichern.

Kommt nun eine neue E-Mail in die Analyse, werden alle Wörter mit ihren Wahrscheinlichkeitswerten analysiert. Wenn zum Beispiel das Wort „Euromillionen" vorkommt, liegt eine Wahrscheinlichkeit von 99 % vor, dass es sich um Spam handelt. Aufgrund des Gesamtergebnisses aller Wörter in der E-Mail kann das System selbstständig entscheiden, ob es sich um eine Spam E-Mail oder eine reguläre E-Mail handelt.

Nun entsteht ein wechselseitiger Prozess, das System lernt nun selbstständig mit dem Benutzerfeedback weiter und verpasst jedem Wort und dann der gesamten E-Mai einen Spam-Wahrscheinlichkeitswert. Hier spricht man von „Pattern Recognition", Mustererkennung. Nun kann ich einen Schwellenwert definieren, ab dem diese Mails im digitalen Abfalleimer landen. Zu diesem einfachen

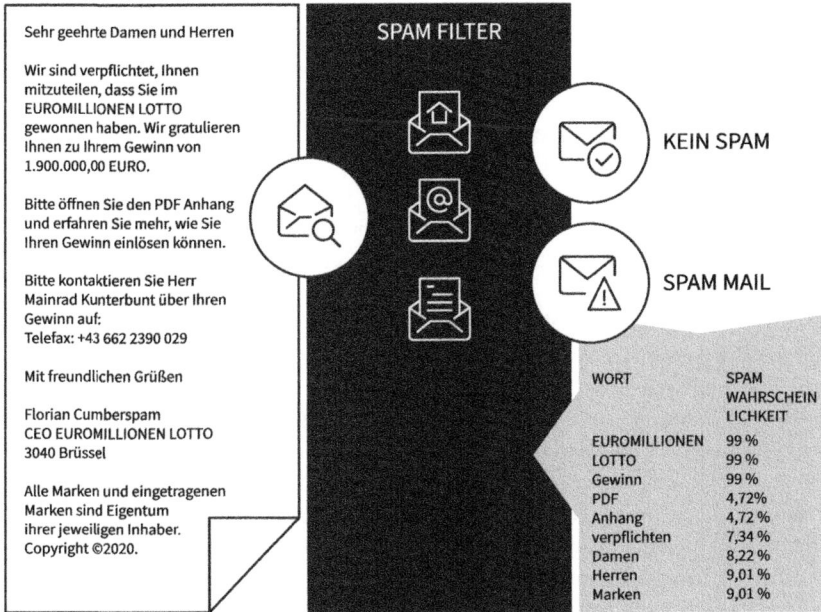

Abb. 2.7   Funktionsweise eines einfachen SPAM-Filters

Grundprinzip lassen sich weitere Funktionalitäten ergänzen, die z. B. auf Wechselbeziehungen der Wörter (Schreibstil), langen und sperrigen Absenderadressen oder qualitativen Aspekten der Anhänge (z. B. der Bilder) beruhen.

Ein Aspekt ist allerdings selbst bei diesem einfachen System sehr menschlich: Wenn derjenige, der den Algorithmus anlernt, sexistisch oder rassistisch ist, wird auch das Urteil des Algorithmus sexistisch oder rassistisch sein. Das lässt sich gut an einem weiteren einfachen Beispiel darlegen: So gibt es Algorithmen zur Auswahl von Bewerbungen, die im Prinzip gleich aufgebaut sind wie der Spamfilter. Das Feedback an das System erfolgt dadurch, dass eine Person faktisch eingestellt wird oder nicht, worauf der Algorithmus wiederum lernt. Stellt nun ein Rassist nur weiße Mitarbeiter ein, wird auch der Algorithmus zum Rassisten, indem er von vornherein schwarze Bewerber herausfiltert.

Noch mehr, wir können dann auch Entscheidungen vorhersehen, die Algorithmus gestützt sind. Damit entstehen für Unternehmen erhebliche strategische Potenziale. So arbeiten heute auch politische Parteien mit Clusteralgorithmen, um anhand einer Vielzahl von Daten bestimmte Typen zu identifizieren, die bestimmte

Präferenzen aufweisen. Damit gelang es auch Donald Trump mit Hilfe von Cambridge Analytica, vor allem jene Wähler zu erreichen, die ihn vielleicht wählen würden, indem er ihnen gezielt über Social Media die wahlrelevanten, personalisierten Infos zukommen ließ. Die anderen Wähler hatte er bereits sicher, und bei eingeschworenen Demokraten hätte er ohnehin keine Chance (Wergin 2018).

▶ **Die wichtige Botschaft:** Da immer mehr Entscheidungen durch Algorithmen getroffen werden, müssen wir die Algorithmen verstehen, um die Entscheidungen nachvollziehen zu können.

Wieder ein simples Beispiel: Auch eine Verkehrsampel arbeitet mit Algorithmen, die auf der Stärke der Verkehrsströme beruhen. Wenn ich als Verkehrsteilnehmer weiß, dass ich nun 3 min warten muss, weil ich den Algorithmus verstanden habe, werde ich entspannen und die Zeit sinnvoll nutzen. Wer also das Grundprinzip der Algorithmen versteht, wird in der heutigen und vor allem in der zukünftigen Welt gut zurechtkommen und erhebliche Vorteile generieren können. Wer das nicht versteht, glaubt an Magie, kosmische Strahlen oder geheime Mächte und wird sich ständig von der Welt betrogen fühlen.

Die Algorithmen können auch die Grundlage sein, um Produkte zu entwickeln oder personalisierte Angebote zusammenzustellen, wie das Amazon auf hohem Niveau betreibt. Wie kein anderes Unternehmen kennt Amazon seine Kunden und Kundinnen genau. Diese werden im Gegenzug zu klassischen Unternehmen nicht in hundert Typen geclustert, sondern aufgrund ihres persönlichen Nutzungsverhaltens und ihrer Vorlieben individuell – als Einzelpersonen – angesprochen und analysiert. Somit werden ihnen nur Themen und Produkte vorgeschlagen, die genau ihren Interessen entsprechen. Hochgradig automatisiert und auf einer Grundlage, die sich anhand der laufenden Erfahrungen (kauft er oder sie das jetzt auch wirklich?) laufend weiter verbessert. Auf der Grundlage der Erfahrungen wird auch das Sortiment kontinuierlich optimiert. Es sind also weniger die persönlichen Führungsqualitäten, die Jeff Bezos zum reichsten Mann der Welt gemacht haben, als vielmehr sein Geschick im Nützen der vielfältigen Möglichkeiten Künstlicher Intelligenz.

2.5.3 Neuronale Netzwerke und Deep Learning

Bislang haben wir viel über Mathematik und Statistik, über Clusteralgorithmen und Co gesprochen. Jetzt gehen wir einen Schritt weiter, hin zu neuronalen Netzwerken. Diese sind grundsätzlich „strohdumm". Sie bestehen aus lauter

Knotenpunkten, die miteinander verbunden sind, aufgrund dieser Verbindungen entscheidet das Netz (vgl. Abb. 2.8). Wie aber kommen diese Entscheidungen zustande? Jeder Punkt hat die Aufgabe, laufend „Inventur" zu machen. Dieser Prozess funktioniert auf Basis eines sehr einfachen mathematischen Konstrukts (Gasteiger und Zupan 1999).

Der Begriff Deep Learning bezieht sich auf ein neuronales Netz, auf die Zusammenschaltung von mehreren Ebenen und Algorithmen, um über einfache Aufgaben hinaus eine höhere Ebene der Intelligenz zu erreichen (vgl. Abb. 2.9).

Nehmen wir als Beispiel die Bilderkennung: Ein digitales Bild hat eine Bitmap („.bmp"-Dateiendung). Mehr oder weniger hoch aufgelöst besteht diese aus Punkten, die unterschiedliche Farben und Grauwerte aufweisen. Nimmt man nun diese Bitmap und spielt sie einem Inventurknoten zu, schaut sich der die einzelnen Punkte an und erkennt z. B., ob der Punkt hell oder dunkel ist. Diese Informationen gibt er an seinen Nachbarpunkt weiter. Nun macht dieser Inventur und stellt fest, ob hier ein Kontrast besteht oder nicht, so kann er in weiterer Folge an mehreren Punkten erkennen, ob das Bild eine Linie aufweist. In weiteren Schritten kann erfasst werden, ob die Linie härter oder weicher zum Umfeld hin abgegrenzt ist, ob sie gerade oder gekrümmt ist. Dann kann erfasst werden, ob das vielleicht eine Nase oder ein Ohr ist – wie viele Nasen oder Ohren das sind und ob es sich vielleicht um ein Gesicht handelt. Indem das System viele Bilder von Gesichtern erhält, lernt es zu erkennen, welche Merkmale eine Bitmap (bzw. ein Teil der Bitmap) aufweisen muss, um ein Gesicht darzustellen. Aufgrund einer

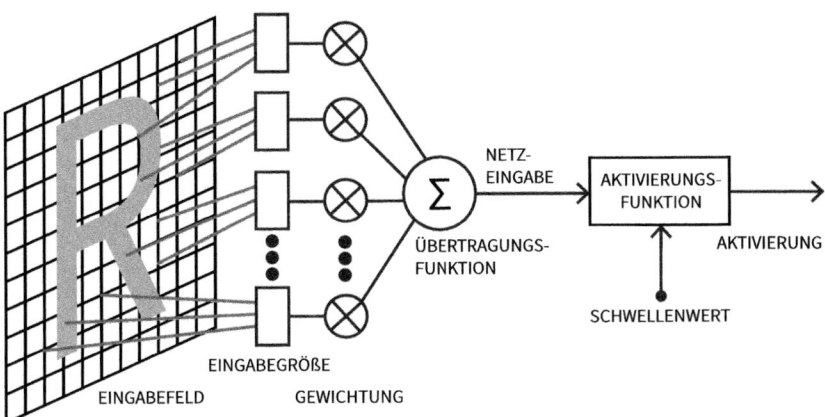

Abb. 2.8 Ein simpler Knotenpunkt im neuronalen Netzwerk

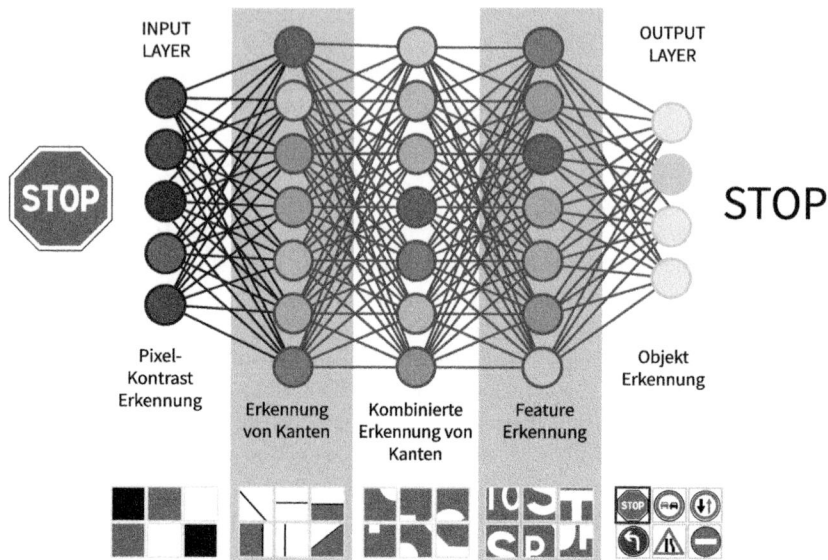

Abb. 2.9 Funktionsweise eines neuronalen Deep-Learning-Netzwerks

Datenbank können schließlich diese Gesichter auch konkreten Personen zugeordnet werden, wie es ja bereits sehr gut bei Fotoprogrammen funktioniert und in
China bereits großflächig in öffentlichen Räumen eingesetzt wird.

Dieser Lernprozess ist prinzipiell bereits seit Jahrzenten erfunden, aber heute
immer noch State of the Art und Grundlage vielfältigster Anwendungen der
Künstlichen Intelligenz. Z. B. funktioniert das selbstfahrende Auto auf Basis dieser Bilderkennung, wobei die Menge der Bilder, mit denen das System lernt,
laufend zunimmt und damit die Fehlerquote immer weiter reduziert wird. Noch
2017 lag die Menge an verarbeiteten Bildern zum Lernen des Algorithmus bei
dem ersten selbstfahrenden Tesla bei 70.000, heute sind es mehrere Millionen.

So wird auch die lernende Ampel in Zukunft – und zum Teil jetzt schon
– aktuelle Daten von Satellitenbildern zu Verkehrsströmen analysieren und die
Steuerungen der Ampelintervalle den jeweiligen aktuellen Situationen anpassen.

2.5.4 Einsatzbereich für Künstliche Intelligenz

Mittels lernender Algorithmen und Künstlicher Intelligenz wird das Unternehmen kontinuierlich auf die nächste evolutionäre Stufe gehoben. Betroffen sind dabei strategische Unternehmensbereiche, das Geschäftsmodell, die Interaktion mit dem Kunden und die wertschöpfenden Prozesse und Produktion. Dank Künstlicher Intelligenz ist es möglich, kontinuierliche Verbesserungsprozesse auf eine neue Stufe zu setzen: Prozesse, Ergebnisse und Arbeitsmodelle optimieren sich durch die neuen Algorithmen während des laufenden Betriebs.

Auf Basis der langjährigen Beratungserfahrung mit großen Konzernen, öffentlichen Organisationen und mittelständischen Unternehmen kristallisierten sich Best Practices und Cluster zur Verwendung und dem Einsatz von Künstlicher-Intelligenz-Algorithmen heraus (vgl. Abb. 2.10).

Neben den typischen Einteilungen von lernenden Algorithmen in starke und schwache Künstliche Intelligenz wird in der Literatur häufig nach Methoden

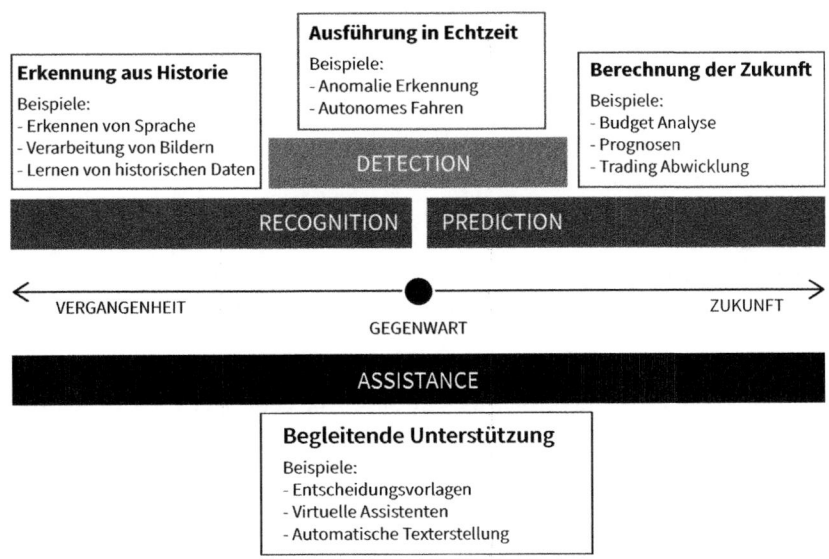

Abb. 2.10 Kategorisierung von lernenden Algorithmen nach RAPD

oder Lernverhalten kategorisiert. Bei den Methoden von Künstlicher Intelligenz lassen sich die Symbolische KI, die Phänomenologische Methode, die Neuronale KI und die Simulationsmethode unterscheiden. All diese Kategorisierungen beziehen sich auf die technische Umsetzung des kognitiven Algorithmus. Unsere Erfahrung hat gezeigt, dass es für Unternehmen sinnvoller ist, die Algorithmen nach Einsatzgebiet zu clustern. Aus dieser Überlegung ist das RAPD-Framework entstanden.

Künstliche–Intelligenz-Algorithmen werden in folgende vier Bereiche eingeteilt und erfüllen somit ähnliche Anwendungsfälle:

- Erkennung (Recognition)
- Assistierung (Assistance)
- Vorhersagung (Prediction)
- Erkennung (Detection)

In der Erkennung (Recognition) dienen die kognitiven Algorithmen dazu, historische Events zu erkennen. Typische Beispiele sind die Erkennung von Datendiebstählen anhand von Log-Dateien oder das Anreichern von Bildern um zusätzliche Informationen. Die Algorithmen werden auf historische Daten-Sets angewandt.

Bei der Assistierung (Assistance) handelt es sich um eine begleitende Unterstützung. Dabei werden Daten aus der Vergangenheit, der Gegenwart und aus hochgerechneten Forecast-Daten in die Entscheidung einbezogen. Typische Anwendungsfälle sind virtuelle Assistenten und Algorithmen, die Entscheidungsvorschläge empfehlen.

Vorhersage-Algorithmen (Prediction) basieren zwar auf historischen Daten, verwenden diese jedoch, um zukünftige Trends und Ereignisse zu simulieren und hochzurechnen. Budget-Prognosen und -Planung werden mit Vorhersage-Algorithmen berechnet. Trend-Analysen von Aktien oder Strompreisen sind ebenfalls Teil dieser Kategorie.

In Echtzeit analysieren Algorithmen der Kategorie Erkennung (Detection). Auch diese wurden mit historischen Daten angelernt, entscheiden aber in Echtzeit bei vorliegenden neuen Echtzeitdaten. In der Industrie sind diese Softwarelösungen bereits seit Jahren im Einsatz, wie z. B. für die Anomalie-Erkennung von Produkten am Förderband. Ein weiteres Beispiel ist das autonome Fahren.

2.5.5 Anforderungen an intelligente Algorithmen

Die wichtigsten Anforderungen an intelligente Algorithmen sind die Nachvollziehbarkeit und die Vorhersehbarkeit von Entscheidungen. Nur durch das Erreichen dieser Eigenschaften werden diese Softwaresysteme von der Gesellschaft akzeptiert. Entscheidungen, die nicht nachvollziehbar sind, werden von den Benutzenden und Betroffenen nicht akzeptiert werden. Aus diesem Grund müssen zusätzlich zu den technischen Anforderungen an diese kognitiven Algorithmen auch die emotionalen und gesellschaftspolitischen Anforderungen erfüllt werden. Diese reichen von der expliziten Aufnahme von Softwareprogrammierung in alle Lehrpläne bis hin zur gesamtgesellschaftlichen Aufklärung über die Funktionsweise. Nur eine aufgeklärte und wissende Gesellschaft wird mit dieser zukünftigen Technologie erfolgreich interagieren können.

Wie aus den vorangegangenen Kapiteln hervorgeht, sind für diese Algorithmen und Deep-Learning-Prozesse erhebliche Rechnerleistungen erforderlich. Es ist allerdings davon auszugehen, dass die Rechnerkapazitäten auch in Zukunft weiter stark ansteigen werden. Denn die Entwicklung der Rechnerleistung folgt exponentiellen Kurven. Ein heute im Einsatz befindliches iPhone 11 verfügt über eine Leistung, die vor wenigen Jahren noch ein ganzes Rechenzentrum aufbringen musste. Gehen wir noch weiter in der Zeit zurück, sind wir bei bald riesigen Rechenanlagen, die nur ein Millionstel der Leistung eines iPhone erbrachten. Sie verfügten noch über mechanische Schalter, die sich klappernd öffneten und schlossen, und füllten ganze Hallen. Daher kommt auch der heute noch gebräuchliche Begriff „Software-Bug". Setzte sich nämlich ein Käfer auf den Schalter, konnte der keinen Kontakt herstellen und es gab einen Fehler im Programm. Diese zerquetschten Käfer mussten dann von den Mitarbeitern gesucht und händisch entfernt werden. Ein schönes Beispiel dafür, wie sich die Jobprofile im Verlauf der technologischen Entwicklung verändern. Mehr dazu im Zusammenhang mit der Vision des selbstfahrenden Unternehmens in Abschn. 6.5.

Zum aktuellen Zeitpunkt der Entstehung dieses Buches, im Jahr 2020, befinden sich die Möglichkeiten der Rechnerleistung etwa auf dem Niveau eines Mausgehirns. Seit dem Ausbruch der Corona-Pandemie im Frühjahr 2020 ist der exponentielle Verlauf von Wachstum bestens bekannt. Mit einer ähnlichen Exponentialität wächst auch die Rechnerleistung und wir können davon ausgehen, dass 2023–2025 die so genannte „Singularität" eintritt. Das heißt, dass der Computer stärker sein wird als das menschliche Gehirn. Im Jahr 2050 wird eine Leistung vorliegen, wie sie alle menschlichen Gehirne gleichzeitig erbringen. Ab diesem Zeitpunkt wird die Zahl der hochgradig automatisierten – allerdings noch nicht selbstfahrenden – Unternehmen sprunghaft zunehmen (Kraikivski 2019).

Wie gut die Künstliche Intelligenz bereits in alltäglichen Anwendungen funktioniert, zeigt sich anhand der Spracheingabe, die mittlerweile jedes Handy oder jedes Schreibprogramm ermöglicht. Zunächst ist dazu zu sagen, dass die Übersetzung von gesprochener in geschriebene Sprache ein außerordentlich komplexes Problem darstellt. Dafür müssen phonetische Signale vom System korrekt dekodiert werden. Allein dieser erste Schritt bedeutet eine erhebliche Herausforderung. Denn kaum eine Sprache ist lautgetreu, viele Wörter werden völlig anders geschrieben als sie ausgesprochen werden, auch im Deutschen. Dazu kommen die Fremdwörter z. B. aus dem englischen (z. B. Wood klingt wie Wut) und französischen Sprachraum (z. B. Balance klingt wie Ballons). Es gibt so genannte Monophone, Wörter, die vollkommen gleich klingen, aber unterschiedlich geschrieben werden: ich bete, die Beete, ich bähte das Brot. Darüber hinaus ist die deutsche Standardsprache von den vielfältigen Dialekten von Ost bis West und Süd bis Nord eingefärbt. Um einen Satz richtig zu dekodieren, muss das System also aktiv mitdenken. Ein durchschnittlicher Deutscher, Österreicher oder Schweizer baut bis zum Abschluss der Oberstufe einen aktiven Wortschatz von etwa 8.000 Wörtern auf, in dem er sich also 18 Jahre in der Konversation übt. Das bedeutet aber noch nicht, dass er ein Diktat fehlerfrei niederschreiben kann. Mittlerweile haben die Spracheingabesysteme ein Niveau erreicht, das einem Durchschnittsmenschen durchaus ebenbürtig ist – und ihn bald weit abhängen wird. Für diesen Prozess des aktiven Mitdenkens über den Sinn der Aussage ist eine gewaltige Rechnerleistung erforderlich. So sendet zum Beispiel das iPhone die phonetischen Daten an das Apple-Rechenzentrum, wo diese analysiert, interpretiert und wieder in Form von Texten an das Smartphone zurückgesendet werden. Wer diese Funktion noch nicht kennt, sollte sie an dieser Stelle gleich einmal ausprobieren. Auch dieses Buch ist zum größten Teil mit diesem Spracheingabesystem entstanden. Damit entfällt jetzt und in Zukunft die Notwendigkeit, dass der Mensch den Kodierungsprozess durchführen muss, indem er zum Beispiel seine Gedanken in Buchstaben transformiert. Er kann sie in Form der entwicklungspsychologisch günstigeren Sprache wiedergeben und das System nimmt ihm die Kodierungsarbeit ab. Dazu entstehen weitere Vorteile: Wir haben in Zukunft beim Schreiben die Hände frei, können einen Text lesen und gleichzeitig in eigenen Worten wiedergeben und müssen uns über die Rechtschreibung nicht mehr allzu viele Gedanken machen. Das erledigen nun Google und Co. Wie die eigene Erfahrung zeigt, genügt es, einfach mitzulesen, was das System schreibt, und punktuell Wörter zu korrigieren, die von der Spracheingabe falsch verstanden wurden. Zum aktuellen Zeitpunkt sind dies höchstens zwei bis drei Wörter pro Seite, Tendenz fallend. Die Satzzeichen wie „Punkt" und „Komma" müssen noch angesagt werden, wobei dies auch in absehbarer Zeit nicht mehr erforderlich sein wird.

Die Künstliche Intelligenz wird aufgrund der enormen Leistung zwar im Kern immer noch auf den Algorithmen basieren, letztlich jedoch aus der Vernetzung der Teilsysteme resultieren, wie es auch beim Spracheingabesystem erfolgt. Die Corona-Pandemie von 2020 hat etwa gezeigt, wie Millionen Handys miteinander vernetzt werden können, um nach bestimmten Gesichtspunkten relevante Interaktionen zu identifizieren. Mit der Zahl der Vernetzungspunkte steigt der Bedarf an Rechnerleistung wiederum exponentiell an.

Die Herausforderung für die Unternehmen wird es sein, diese Möglichkeiten zu erkennen und zu implementieren. Mit Industrie 4.0 wurden in den vergangenen zwei Jahrzehnten bereits die ersten Ansätze dafür geschaffen. Während früher die Produktion überwiegend manuell durch Expertise und Erfahrung gesteuert wurde, kann das Management nun durch die technologischen Erweiterungen von Industrie 4.0 in Echtzeit interagieren und sofort auf Änderungen und individuelle Anforderungen reagieren.

2.6 Was kommt nach Industrie 4.0 und Digitalisierung?

Das selbstfahrende Unternehmen ist die langfristige Weiterentwicklung der beiden Trends Industrie 4.0 und Digitalisierung. Dabei folgt es weiterhin den „klassischen" Prinzipien der Industrialisierung:

- Automatisierung
- Standardisierung
- Modularisierung
- Spezialisierung
- Kontinuierliche Verbesserung

Um diesen Entwicklungsschritt zu verstehen, muss zunächst näher erläutert werden, worum es sich bei Industrie 4.0 handelt, vor allem weil in den Betrieben sehr unterschiedliche Vorstellungen darüber bestehen. Viele Unternehmerinnen und Unternehmer sind durch diesen Begriff verunsichert und hin- und hergerissen zwischen dem Festhalten am Bewährten und einer aktiven Auseinandersetzung mit diesen Möglichkeiten.

Auch die wissenschaftliche Definition von Industrie 4.0 ist weit gefasst. Hinsichtlich ihrer Bedeutung wird Industrie 4.0 als weitere industrielle Revolution oder die vierte industrielle Revolution unserer Zeit bezeichnet. Mit einfachen

Worten erklärt, basiert dieser Prozess auf der Digitalisierung industrieller Prozesse. Dies wird durch den Einsatz von Sensoren, intelligenten Algorithmen und der Analyse von großen Datenmengen in Zusammenarbeit mit mechanischen Produktionsmaschinen erreicht. Ein weiterer Aspekt von Industrie 4.0 ist die Optimierung von Ressourcen mithilfe ökonomischer Strategien auf der Basis laufender Datenanalyse.

Aufgrund aktueller Evaluationen konnte gezeigt werden, dass durch die Einführung dieser digitalen Technologien die Kosten in Produktionsbetrieben zwischen 15 und 20 % gesenkt werden können (Obermaier 2019).

Eines der Hauptziele von Industrie 4.0 und zentraler Vorteil ist die ständige, schnelle Anpassungsfähigkeit der gesamten Wertschöpfungskette an die Nachfragesituation. Wird zum Beispiel in Wien ein BMW verkauft, geht die Information automatisiert sofort an alle weltweiten Zulieferbetriebe, die wiederum ihrerseits Ihre Produktionslinien, Ressourcen und Subunternehmer an die neue Situation anpassen. Damit erfolgen die Produktion und der Verkauf von Produkten oder Dienstleistungen in erheblich kürzerer Zeit bei gleichzeitig höherer Qualität.

Die Vision von Industrie 4.0 ist die Produktion von Losgröße 1 – einer Sonderanfertigung in Serienproduktion. Durch softwaregestützte Fertigungsverfahren kann diese individuelle Produktion inzwischen zu den Kosten einer Serienfertigung realisiert werden. Dadurch ergeben sich folgende Aspekte von Industrie 4.0, die den Unternehmen erhebliche Vorteile verschaffen:

- Design: Die Ansprüche der Konsumenten sind immer individueller und auch von kulturellen Aspekten geprägt. Zum Beispiel muss ein BMW für den chinesischen Markt Anforderungen erfüllen, die bereits weit über jene in Europa hinausgehen, vor allem im Bereich der Elektromobilität und der Selbststeuerung. Mit Industrie 4.0 wird das Produktdesign direkt mit dem Vertrieb und allen anderen relevanten Produktionsfunktionen vernetzt.
- Mehr persönlicher Kundenservice: Insgesamt wird der Mitarbeiter im Kundenservice von der Technologie entlastet, um sich mehr auf die persönliche Beziehung einlassen zu können.
- Implementierung von zusätzlichen Dienstleistungen für physische Produkte (Produkt-Service-Systeme (PSS 4.0)): Längst ist es zum Beispiel möglich, das Modell mit allen Elementen der Sonderausstattung im Vorfeld originalgetreu zu visualisieren und einen digitalen Zwilling vorab zu erhalten.
- Die Möglichkeit, die Kundenbeziehung laufend zu analysieren: Die Ergebnisse unter anderem über CMS (Content-Management-Systeme), SCM (Supply Chain Management), CRM (Customer Relationship Management), FCM (Financial Capital Management) und Social Media zu messen.

- Über das Internet der Dinge können zum Beispiel mithilfe von Sensoren Informationen zu den verschiedenen Elementen der Produktionskette erfasst werden, die in Folge den Produktionsprozess optimieren.
- Die Koordination von Logistik- und Produktionsaufgaben wird mit der Einführung von Robotern und der mechatronischen Vollautomatisierung in immer mehr Bereichen automatisiert und optimiert.
- Mittels Big-Data-Analysen – aufgrund von Daten, die weit über die Unternehmensgrenzen hinaus einbezogen werden – können die Prozesse weiter optimiert, der Energieverbrauch verbessert und die Produktionsqualität in den Fabriken gesteigert werden.
- Dank cloud-basierten Plattformsoftwaresystemen können Daten umgekehrt über die Grenzen des Unternehmens hinaus gespeichert und mit z. B. anderen Niederlassungen weltweit geteilt werden, so können zum Beispiel Produktteams über die Ländergrenzen hinaus gemeinsam an Verbesserungen arbeiten.
- Während diese „Hyperverbindungen" große Chancen eröffnet haben, müssen gleichzeitig kritische Bereiche vor Cyberbedrohungen geschützt werden. Daher ist es wichtig, eine sichere Kommunikation mit hochsicheren Identitäts- und Zugriffsverwaltungssystemen zu integrieren.
- Additive Manufacturing – 3D-Druck – sorgt z. B. dafür, dass alle Arten von Teilen aus verschiedenen Materialien in sonst unmöglich in einem Stück herstellbaren Hohlstrukturen und unmittelbar auf Basis des Designs hergestellt werden können. Damit sind völlig neue Produkte realisierbar, bis hin zum 3D-gedruckten Haus, wie es im Februar 2020 bereits in Dubai realisiert wurde. Zusätzlich werden sich kleinteilige Produktionsprozesse durch diese Möglichkeiten dezentralisieren. Der Bauplan eines Produkts wird „heruntergeladen", bei der nächsten Poststelle „ausgedruckt" und nach wenigen Minuten zugestellt.

Alle diese Möglichkeiten, die sich mit Industrie 4.0 ergeben haben, können natürlich auch im selbstfahrenden Unternehmen umgesetzt werden, sind jedoch nur ein erster Schritt im Rahmen viel weitergehender Möglichkeiten. Um das an einem kleinen Beispiel zu demonstrieren: Wie oben angeführt, können die Kundenbeziehungen mittels Industrie 4.0 über Social–Media-Reaktionen gemessen und interpretiert werden. Dies ist zum aktuellen Zeitpunkt nur in sehr einfachen, numerischen Dimensionen möglich, indem zum Beispiel die Zahl der Likes erfasst wird. Darüber hinaus gehende, inhaltlich tiefere Analysen von Kommentaren, Bildmaterialien und geführten Dialogen mussten bislang von Mitarbeitenden persönlich durchgeführt werden. Mittels Künstlicher Intelligenz wird dies im selbstfahrenden Unternehmen mehr und mehr vollständig automatisiert

und mit allen angrenzenden Systemen vernetzt. Wird zum Beispiel von einer
repräsentativen Zahl an BMW-Fahrenden kritisiert, dass bei einer bestimmten
Geschwindigkeit Störgeräusche auftauchen, gehen diese Erkenntnisse sofort in die
Entwicklung ein, wo der Effekt getestet und Verbesserungen eingeleitet werden.

Es ist ein Faktum, dass in den vergangenen Jahrzehnten mittelständische
Unternehmen in Deutschland, Österreich und der Schweiz sehr stark in Themen der Produktions- und Wertschöpfungsprozesse von Industrie 4.0 investiert
haben. Dadurch wurden Optimierungspotenziale durch Software in den anderen
Geschäftsbereichen oft vernachlässigt und starke Potenziale in der Optimierung
der Unternehmen nicht oder nur schwach genutzt. Diese Potenziale werden in
diesem Buch aufgezeigt und es werden Best Practices skizziert.

Beim selbstfahrenden Unternehmen entsteht eine Art Gesamtorganismus, der
über eine hohe Fähigkeit der Wahrnehmung nach innen wie auch nach außen
verfügt. Damit wird das Unternehmen, ganzheitlich betrachtet im Grunde einem
Menschen immer ähnlicher. Bei uns erfolgt das Denken und Fühlen ja auch nicht
in Teilbereiche zersplittert, sondern ganzheitlich. Werden wir mit der Aufgabe
konfrontiert, einen steilen Berg zu besteigen, kommt es unmittelbar zur Einschätzung, ob wir überhaupt dazu im Stande sind, ob wir die richtige Ausrüstung
dafür haben, welche Menge Verpflegung erforderlich ist – ohne dass Nachrichten
zwischen den einzelnen Abteilungen Muskulatur, Sauerstoff-Aufnahmefähigkeit
des Blutes, Herzvolumen, Mageninhalt, Risikomanagement in der Großhirnrinde
sowie hin zu den Bergsport- und Lebensmittel-Lieferanten hin- und her geschickt
werden müssen.

2.7   Warum softwaregesteuerte Unternehmen?

▶   Software löst viele der derzeitigen Probleme in Unternehmen und
     macht das Arbeiten wieder lebenswerter.

Diese Aussage lässt sich anhand einer Reihe von Erkenntnissen stützen. Zunächst
folgen Softwaregesteuerte Unternehmen erprobten Markt- und Gesellschaftsre-
geln und sind somit eher resilient als menschengeführte Unternehmen. Sie machen
weniger Fehler und reagieren weniger impulsiv als Menschen dies bei vielen Entscheidungen sind. Dieser Umstand ist auf dem Gebiet der Verhaltensökonomie
bereits bestens erforscht. Menschen sind nur in geringem Ausmaß im Stande, die
ökonomisch beste Entscheidung zu treffen, vor allem bei Vorliegen großer Mengen an Informationen, bei Stress und Angst – also im bisher üblichen Büroalltag
– zeigen sich erhebliche Verzerrungseffekte:

- Information Overload: Bei Vorliegen von zu viel Information werden aufgrund der begrenzten kognitiven Ressourcen nur wenige und oft die weniger relevanten Informationen für infolge falsche Entscheidungen herangezogen.
- Stereotypenbildung: Der Mensch neigt dazu, neue Informationen bekannten Typologien zuzuordnen. Dabei bevorzugt er Stereotypen, die ihm gut bekannt und vertraut sind – auch wenn die neue Information überhaupt nicht ins Schema passt. Auf diesem Prinzip beruht auch das bekannte Vorurteil. Da dieser Prozess meist unbewusst erfolgt, ist es besonders schwierig, diese Effekte zu erkennen und objektiv zu reflektieren.
- Ankereffekt: First impressions are the best: Ist ein Mensch mit einer neuen Situation konfrontiert, so fließt die erste Beurteilung nachhaltig auch auf weitere Beurteilungen ein, auch wenn sich diese erste Einschätzung als falsch herausstellt.
- Halo-Effekt: Oft werden einzelne Aspekte eines Sachverhaltes von der betroffenen Person subjektiv als besonders stark herausstrahlend („Halo") wahrgenommen. Die Dominanz dieses Eindrucks verzerrt in der Folge alle weiteren Entscheidungen in diesem Zusammenhang.
- Risky Shift: Dieser Effekt zeigt, wie sich einzelne Entscheidungen von Gruppenentscheidungen unterscheiden, obwohl diesen Entscheidungen die gleichen Daten zu Grunde liegen. Bei Entscheidungen in Teams ist die Tendenz nach gemeinsamem Konsens und nach Einstimmigkeit stark ausgeprägt. Von den Teammitgliedern wird angestrebt, Konflikte zu vermeiden, hingegen stehen harmoniefördernde Argumentationen, die sich gegenseitig bestärken, im Vordergrund. Dieses Gruppenverhalten hat eine systematische Ausblendung von etwaigen Risiken zur Konsequenz und führt zu falschen oder riskanten Entscheidungen.
- Mentale Konten: Dieser Effekt kann am besten anhand eines Beispiels erläutert werden. Wenn Sie ein Konzertticket um 100 € kaufen, und Sie verlieren es auf dem Weg in die Oper, werden Sie wahrscheinlich kein neues Ticket mehr kaufen. Haben Sie noch kein Ticket und verlieren auf dem Weg 100 €, haben Sie rational betrachtet den exakt gleichen Schaden wie im Falle des verlorenen Tickets. Dennoch verhalten Sie sich völlig anders und kaufen in diesem Fall für weitere 100 € ein Ticket. Warum tun wir das? Die Erklärung ist, dass wir bei Entscheidungen verschiedene mentale Konten führen. Im Fallbeispiel sind dies zwei Konten, eines für „Eintrittskarte" und eines für die eingesetzten 100 €. Bei dem Verlust der Eintrittskarte kommt es zu einem Totalverlust der 100 €, das Konto wird zu stark belastet. Werden jedoch die 100 € verloren, wird der Verlust auf das mentale Konto „Gesamtvermögen" bezogen und nur als geringfügig relevant erachtet. Das simple Beispiel zeigt, dass wir selbst in

einer ökonomisch völlig simplen Situation aufgrund unserer unterbewussten Heuristiken irrational entscheiden.

Zusätzlich zu diesen Effekten kommen aufgrund psychologischer Spannungen in hierarchisch organisierten Organisationen, durch Konflikte und vielfältige menschliche Motive unzählige falsche Entscheidungen zustande. Der amerikanische Psychologe Steven Reiss (2004) identifizierte dafür 16 Motive, die unser alltägliches Handeln beeinflussen:

- Macht: das Streben nach Führung, Einfluss, Erfolg, Leistung
- Unabhängigkeit: Freiheit, Selbstgenügsamkeit
- Neugier: Wissen, Wahrheit
- Anerkennung: soziale Zugehörigkeit, Akzeptanz, positiver Selbstwert
- Ordnung: Stabilität, Organisation, Klarheit
- Sparen: Anhäufung materieller Werte, Güter, Eigentum
- Ehre: moralische Integrität, Loyalität
- Idealismus: Fairness, soziale Gerechtigkeit
- Beziehungen: Freude, Freundschaft, Humor
- Familie: Familie, Erziehung der Kinder
- Status: Reichtum, Prestige, Titel, öffentliche Aufmerksamkeit
- Rache: Konkurrenz, Aggression, Kampf, Vergeltung
- Eros: erotisches Leben, Attraktivität, Sexualität,
- Essen: Nahrung, kultiviertes Speisen
- Körperliche Aktivität: Fitness, Bewegung
- Ruhe: Entspannung, emotionale Sicherheit

Computer haben hingegen keine Vorurteile und sind nicht nachtragend. Software hört immer, aufmerksam und jedem zu. Sie ermüdet nicht, arbeitet auch die Nacht und das Wochenende durch. Es gibt keine menschlichen Konflikte mit dem Management, Computer verfügten stets über alle erforderlichen Daten und entscheiden streng rational und mathematisch, soweit wir ihnen diese Freiheit gewähren. Software ist also der perfekte Mikro-Manager und kann dennoch globale und strategische Ziele verfolgen, wenn wir sie dafür programmieren.

Darüber hinaus kann die Software auch bei menschlichen Fehlleistungen gegensteuern. Über Umfragen und Analysen des menschlichen Verhaltens werden im Unternehmen Schwachstellen und Unzufriedenheiten früh erkannt und es kann rasch gegengesteuert werden.

Dies bedeutet auch für das Personal gravierende Veränderungen. Das mittlere, operative und taktische Management wird von Algorithmen und Software ersetzt.

Damit werden Karrieren „sachorientierter" und flacher, sie orientieren sich an der Fähigkeit, mit dem Team die gesetzten Schlüsselziele im Sinne der übergeordneten Ziele zu erreichen. Zusätzlich werden die Tätigkeiten der Teammitglieder aufgewertet. Mit der durch die Software geschaffenen vollständigen Transparenz wird der direkte Nutzen für die Gesamtorganisation stärker im Vordergrund stehen – und die in den klassischen Organisationen üblichen Kämpfe um Aufstieg mittels Einschmeichelung und Intrigen werden in positive Energie umgewandelt. Damit profitieren auch die Eigentümer, Shareholder und Bonusberechtigten von der höheren Produktivität der selbstfahrenden Unternehmen.

2.7.1   Die Kosten- und Margeneffekte

Würde das selbstfahrende Unternehmen keine positiven Kosteneffekte verursachen, wäre die Vision wohl wenig attraktiv für die Unternehmen. Die Effekte beruhen auf der laufenden Verbesserung und auch Beschleunigung aller betrieblichen Funktionen. Natürlich werden dadurch weniger Menschen in operativen, manuellen Rollen erforderlich sein, dazu mehr im folgenden Abschn. 2.7.2. Insgesamt werden sich jedenfalls auch beim Personal erhebliche Kosteneffekte ergeben, da alle Routinen automatisiert werden und bei der Effizienz der verbleibenden Menschen in der Organisation ebenfalls Verbesserungen erzielt werden. Z. B. erfolgt beim selbstorganisierten Team (Abschn. 6.5.1) eine immer wieder optimierte Teamkoordination – und beim so genannten softwaregesteuerten Team (Abschn. 6.5.2) können vorgefertigte und laufend verbesserte Arbeitsanweisungen automatisiert erstellt werden und z. B. Reparaturen vor Ort erheblich beschleunigen.

Die Mitarbeiter im Unternehmen werden erheblich mehr verdienen als noch in den Jahren 2000 bis 2020, da der Deckungsbeitrag aufgrund der gesteigerten Wertschöpfung pro Mitarbeiter ebenso gestiegen ist. Dies zeigen zum aktuellen Zeitpunkt bereits die Pioniere des digitalen Business, wie zum Beispiel Apple: Das Unternehmen generiert pro Mitarbeiter und Jahr beinahe 2 Million Dollar Umsatz. Bei einem Umsatz von 260 Mrd. Dollar pro Jahr hat Apple 137.000 Angestellte (Fortune 2020).

Viel Investitionsbudget und Arbeit wird zunächst beim Programmieren und Einführen dieser intelligenten und vernetzten Softwaresysteme anfallen. Speziell die Programmierung von Softwaresystemen ist weltweit standardisiert und somit leicht verteilbar. Die Programmiersprachen Java oder Phyton werden auf der gesamten Welt gleich gesprochen und die IT-Systeme interpretieren sie auch ident – unabhängig von der Herkunft des Programmcodes. Daher können diese

Dienstleistungen genauso gut von indischen Programmierern oder afrikanischen Softwareentwicklern anstelle von Österreichern, Deutschen oder den noch teureren Schweizer Programmierern erbracht werden. Der Kostenfaktor Mensch wird bei der Wahl der Herkunft von Software entscheiden. Die Analysearbeit und Integrationsleistungen werden jedoch von regionalen Dienstleistern erbracht. Nachdem die Algorithmen umgesetzt und in die Unternehmen integriert sind, werden sich die Programmieraufgaben auf die Interaktion zwischen selbstfahrenden Unternehmen verlagern. Softwareinvestitionen haben sich bereits in den letzten Jahren zu einem wichtigen Budgetposten für Unternehmen entwickelt. Die Vision des selbstfahrenden Unternehmens beweist die Wichtigkeit von Softwareinvestitionen und geht davon aus, dass Softwareinvestitionen in etwa in vergleichbare Höhen von Immobilien- und Maschineninvestitionen steigen werden. Die Investitionen in Software werden zukünftig ebenfalls über einen längeren Zeitraum gerechnet und abgeschrieben. Meine Beratungserfahrung mit großen Konzernen und Unternehmen zeigt, dass die empfohlene Durchrechendauer für geschäftskritische Softwaresysteme (z. B. ERP-Systeme, CRM-Systeme, Backend-Systeme) bei ca. 15 Jahren liegt. Ein Return on Investment für diese geschäftskritischen Backend-Softwaresysteme ist für unter fünf bis zehn Jahre nicht zu erwarten. Dies ist ausschließlich für Webseiten, Kundenportale, simple Apps, Webshops oder Softwarelösungen für digitale Geschäftsmodelle in diesem kurzen Zeitraum rechenbar.

2.7.2   Auswirkungen auf unterschiedliche Rollen

Die neue Verteilung der Aufgaben bewirkt zunächst, dass die Hierarchien in den Unternehmen flacher werden, allein dadurch, dass viele Führungsaufgaben auf zweiter Führungsebene durch Algorithmen erledigt werden. Ein Strukturmerkmal, das bleibt, ist das Team. Innerhalb dieser selbstorganisierten Teams befinden sich die Mitarbeitenden in gleicher Position und arbeiten auf Augenhöhe zusammen. Der Einkauf ist selbstorganisiert, ebenso die Instandhaltung und der Verkauf. Die Entlastung von Routinen sorgt dafür, dass die Menschen verstärkt vor allem ihre Kernkompetenzen Empathie und Kreativität einsetzen können, bei denen sie auch in naher Zukunft gegenüber Künstlichen Intelligenzen unerreicht bleiben werden. Viele der erfolgreichsten Unternehmen setzen bereits aktuell auf diese flachen Hierarchien, auf informelle, empathische Kommunikation und die dadurch entstehende Kreativität. Denn letztlich werden die Entscheidungen und richtungsweisenden Inputs auch im selbstfahrenden Unternehmen immer wieder von den Menschen kommen.

Ein weiterer wesentlicher Unterschied zu den bisherigen Unternehmen wird sein, dass das selbstfahrende Unternehmen keine einzelne IT-Abteilung mehr aufweist. Die zentralen Elemente, die Daten und Algorithmen werden wie Blut durch die Adern des Unternehmens fließen. Es werden nicht mehr Softwareexperten und Techno-Nerds in der IT-Abteilung sitzen und die Systeme administrieren. Die Software wird in den einzelnen Fachabteilungen nur noch angewendet – aber auf einer höheren Ebene, indem entschieden wird, wie ein bestimmter Algorithmus im Gesamtsystem eingesetzt wird. Es werden keine SOLL- und HABEN-Buchungen mehr erforderlich sein, dies alles wird von vernetzten Algorithmen selbstgesteuert übernommen.

Während früher zum Beispiel ein neuer Mitarbeiter in vielen Einzelschritten von einem IT-Fachmann im System angelegt werden musste, genügt in Zukunft ein einziger Freigabeschritt, um einen voll funktionstüchtigen Arbeitsplatz zu schaffen. Keine CDs mehr, die irgendwo händisch ins Laufwerk gesteckt werden müssen, nicht mal mehr die manuelle Installation von Programmen, die aus dem Internet geladen wurden.

Es werden keine aufwendigen Softwareschulungen erforderlich sein, da die Benutzung hochgradig intuitiv erfolgen wird, wie zum Beispiel durch ein von Künstlicher Intelligenz gesteuertes Spracheingabesystem, das den zehn-Finger-Satz an der Tastatur vollständig ablösen wird. Ein Evolutionsschritt wie von den händisch eingetippten DOS-Befehlen zum vollgrafischen Bildschirm. Die Mitarbeitenden des selbstfahrenden Unternehmens müssen nur noch im Grunde verstehen, wozu ihre IT fähig ist – so, wie sie gelernt haben zu verstehen, wie sie ihre sieben Sinne, ihr Wissen, ihren Verstand und ihre Hände und Füße benutzen müssen, um einen Kuchen zu backen. Das funktioniert auch synchron, ohne dass der Magen eine Hungermeldung ans Gehirn schickt, die dort freigegeben wird, worauf in Folge ein Projekt-Teammeeting aus Wissen, Verstand, Augen, Händen und Füßen stattfindet, in dem diskutiert wird, wer wann wie welche weiteren Aufgaben zu lösen hat.

2.7.3 Subjektiv empfundene Bedrohungen durch selbstfahrende Unternehmen

Wie mittelbar aus den Ausführungen hervorgeht, entstehen durch die gravierenden Veränderungen auch subjektiv empfundene Bedrohungen:

- Viele bestehende Arbeitsplätze müssen neu gedacht werden. Einige Arbeiten werden inhaltlich aufgewertet, da die lästigen Routinen von der Software übernommen werden und man sich auf die spannenden empathischen und kreativen Tätigkeiten konzentrieren kann. Andere Arbeiten werden zunehmend von Softwaresystemen definiert und verteilt. Der Softwarealgorithmus übernimmt dabei die Qualitäts- und Performance-Kontrolle.
- Es werden 20–30 % der derzeitigen „Arbeitsplätze" abgeschafft. Die bisherigen technischen Evolutionen zeigen uns jedoch, dass vermutlich im gleichen Ausmaß oder sogar mehr neue Betätigungsfelder geschaffen werden.
- Das Wort „Arbeitsplatz" und „Angestellter" wird es im 21. Jahrhundert nicht mehr mit der derzeitigen Bedeutung geben. Die räumliche, zeitliche und inhaltliche Flexibilität der Arbeitswelt nimmt zu.
- Menschen werden eine Abwehrhaltung gegen „nicht verständliche" Algorithmen einnehmen. Immer in der Menschheitsgeschichte, wenn etwas nicht verstanden wird, wird es ins „Mystische" gezogen. Die hohe Nachvollziehbarkeit der Funktionalität der Algorithmen (wie am Beispiel Spracheingabe statt Tastatur) wird zunehmend für Akzeptanz sorgen.
- Algorithmen werden auch unangenehme Entscheidungen im Unternehmen treffen, z. B. Personen kündigen. Sie werden diese Kündigungen transparent, fair und nachvollziehbar begründen können.

Die Entscheidungen von Algorithmen werden auch rechtliche Fragestellungen aufwerfen, z. B. bei einem Unfall mit einem selbstfahrenden Auto, oder dem ungeplanten Ausfall eines Systems. Die „Wer ist Schuld?"-Frage muss legistisch neu gedacht werden. Die Lösungen dieses Problems werden gesetzliche Änderungen sein und Versicherungen werden Produkte dafür anbieten, um die außergewöhnlichen und selten vorkommenden Schadensfälle abzusichern.

2.7.4 Wann ist ein Unternehmen selbstfahrend?

Ist ein Wert von etwa 80 % Software-Durchdringung erreicht, kann von einem selbstfahrenden Unternehmen gesprochen werden. Das heißt, sind 80 % oder mehr der betrieblichen Funktionen und Entscheidungen automatisiert und von ausreichend intelligenten Algorithmen gesteuert, liegt ein selbstfahrendes Unternehmen vor. Die Realität wird zeigen, dass Unternehmen jedoch nicht als Ganzes die unterschiedlichen Evolutionsstufen durchlaufen, sondern in ihren Einzelbereichen, Abteilungen oder Teams. Somit wird es unterschiedliche Ausprägungen in den Bereichen geben.

Das folgende Beispiel der Rechnungslegung soll die unterschiedlichen Voraussetzungen darstellen:

Kommt die Rechnung traditionell über den Postweg, dann liegt keine digitale Grundlage vor, auf der weiter aufgebaut werden kann. Man würde vom analogen Unternehmen sprechen. Kommt die Rechnung als PDF per E-Mail, dann ist das Unternehmen schon einen Schritt weiter. Der Algorithmus kann lernen, die Rechnungen zu erkennen und dem Unternehmen zuzuweisen. Nun kann das digitale Unternehmen automatisiert prüfen, ob diese Leistung tatsächlich von diesem Unternehmen in demselben Ausmaß erbracht wurde und die Rechnung zur Zahlung freigeben, was ebenfalls über einen Algorithmus erfolgt. Menschliche Interaktion kann bei einer geringen Ausbaustufe des selbstfahrenden Unternehmens gelegentlich erforderlich sein, wenn z. B. das rechnungslegende Unternehmen sein Logo ändert, wird eine Fehlermeldung kommen und der verantwortliche Mitarbeitende prüft die Rechnung und gibt die neue Version frei. Der Algorithmus kennt sie nun und wird in Folge alle neuen Versionen der Rechnung korrekt weiterbearbeiten. Diese Automatisierung ermöglicht die vollständige Auflösung des Rechnungseingangsprozesses.

Bei dem vollständig selbstfahrenden Unternehmen wird auch das System der Ausgangs- und Eingangsrechnungen zwischen zwei Unternehmen neu gedacht werden. Plattformen werden für den voll digitalen und automatischen Austausch dieser Informationen zwischen den beiden ERP-Systemen sorgen. Die Daten liegen jederzeit mit den zugehörigen Verträgen bereit und es werden keine Dokumente mehr generiert. Vergleichbar wäre dieser Prozess mit dem Geldfluss. Auch hier werden keine physikalischen Geldbeträge mehr ausgetauscht, sondern nur noch Daten in Softwaresystemen umgeschrieben. Ähnlich wird auch der Rechnungsprozess zwischen Unternehmen ablaufen. Künstliche Intelligenz wird die Daten wie die Partner-ID, Gelbeträge und Zweck der Rechnung mit historischen Unternehmensdaten, den Planwerten und den aktuellen Beschaffungen, Bedarfen und Verträgen prüfen.

Teile der betrieblichen Funktionen werden immer in menschlicher Hand bleiben, wie z. B. die persönliche Beratung, die immer von Mensch zu Mensch erfolgen wird. Oder komplizierte, individuelle Bau-, Reparatur- und Instandhaltungsarbeiten beim Kunden vor Ort. Irgendwo werden immer auch Menschen gebraucht werden – für individuelle, zwischenmenschliche, motivierende, hoch verantwortungsvolle und herausfordernde Tätigkeiten. Aber nicht mehr für langweilige Routinen, denn diese Routinen ermöglichen höchstens Fehler, aber keine echten Erfolgserlebnisse und kein menschliches Wachstum, keine Entfaltung echter Potenziale.

Sicher ist, dass sich die Grenze laufend verschieben wird. So bin ich z. B.
selbst als Informatiker heute hochgradig zum Autoingenieur geworden: Es ist
immer weniger der Mechaniker in der Werkstätte mit seinem Schraubenschlüssel,
der das Auto tunt – sondern der Informatiker, der mit seiner Software mehr Leistung aus dem Motor herausholt. Dieses Beispiel zeigt, wie Software immer tiefer
in unsere bisher gewohnte Umgebung eindringt und unser zukünftiges Leben
gestalten wird.

2.7.5 Die sieben zentralen Thesen

Zusammenfassend lassen sich aus den bisherigen Erkenntnissen folgende zentrale
Thesen ableiten:

1. Menschen werden weiterhin in und für Unternehmen arbeiten. Sie erfüllen die
   empathischen und kreativen Aufgaben.
2. Intelligente Softwarealgorithmen sind besser für repetitive Unternehmensaufgaben geeignet als Menschen.
3. Es wird keine Prozesse mehr geben – Prozesse sind aus dem 19. und 20.
   Jahrhundert – Algorithmen sind das 21. Jahrhundert.
4. Das mittlere Management wird von Software ersetzt – Leadership-Aufgaben
   verbleiben bei Menschen.
5. Software & IT sind die Basis für das selbstfahrende Unternehmen. Daher
   werden die zentralen IT-Abteilungen in ihrer jetzigen Form aufgelöst und
   die IT-Aufgaben, Softwareentwicklung und der IT-Betrieb werden in der
   Verantwortung der Fachabteilungen aufgehen.
6. Fehlende Arbeitsplätze werden durch die demografische Entwicklung und das
   Wachstum der Märkte aufgrund von Produktivitätsgewinnen kompensiert.
7. Unternehmen dienen auch 2035 noch den Menschen.

2.8   Anleitung zur Evolution

Unternehmen im klassischen Sinn können heute noch als teildigitalisiert verstanden werden, was aus der Historie heraus begründet werden kann. Auch wenn viele
einzelne Teilbereiche bereits vollständig papierlos und damit digitalisiert sind, sie
E-Mails verschicken und über ein ERP-System verfügen, beruht die Arbeitsweise
selbst immer noch auf den analogen Prinzipien der Zusammenarbeit. So werden
beispielsweise die Aktenordner eingescannt und digitalisiert und müssen nicht

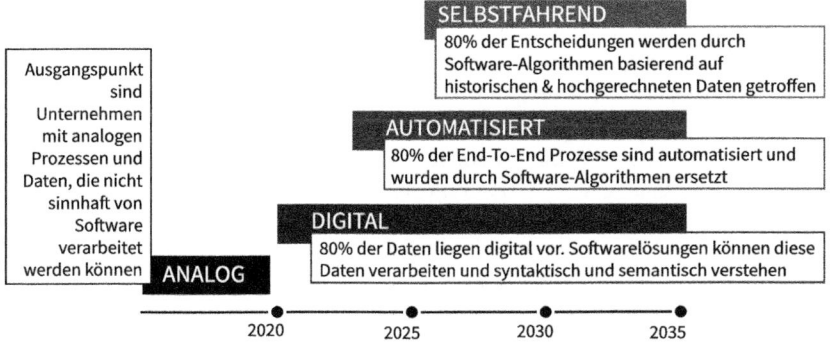

Abb. 2.11 Definition der Evolutionsstufen zur Autonomie

mehr in Papierform in Schränken verstaut werden. Dennoch sind diese Files nicht so weit aufbereitet, um automatisiert genutzt zu werden, da Softwarealgorithmen nicht in der Lage sind, diese Daten zu lesen und zu verstehen.

Die Definition von „digital" bedeutet, dass die Daten und Informationen in digitaler Weise und maschinenlesbar aufbereitet sind und zur weiteren Verarbeitung vorliegen, zum Beispiel durch ein ERP- oder CRM (Customer Relationship Management)-System. So ist der eingescannte Ordner zwar nun digital, kann aber von der Maschine nicht gelesen und verarbeitet werden. Um in diesem Fall den Content oder die Semantik zu verstehen, bedarf es einer Krücke, wie zum Beispiel einer Bild- oder Texterkennung.

Die meisten Unternehmen befinden sich also heute in einer frühen Position zwischen der analogen und der digitalen Welt (vgl. Abb. 2.11). Die Unternehmen folgen dem „Trend der Digitalisierung", indem sie meist nur so weit denken, bisher in Papierform vorhandene Daten in digitale Daten zu verwandeln. Das selbstfahrende Unternehmen ist aber von diesem Status noch meilenweit entfernt:

1. Zunächst muss ein „echtes" digitales Unternehmen geschaffen werden, das sämtliche Daten in maschinenlesbarer und verarbeitbarer Form vorliegen hat. Die Maschine versteht auf dieser Grundlage Syntax und Semantik. Von einem digitalen Unternehmen kann gesprochen werden, wenn etwa 80 % aller Daten in dieser digitalen Form vorliegen. Das bedeutet auch, dass viele Unternehmen heute selbst diese Stufe noch nicht erreicht haben. Die fortschrittlich eingescannte Rechnung ist nur ein Bild, das nicht digital weiterverarbeitet

werden kann. Dies ist die Herausforderung, mit der sich aktuell die meisten Unternehmen beschäftigen.

2. Im nächsten Schritt erfolgt die Automatisierung, indem Prozesse oder Problemstellungen von Programmen bearbeitet werden. Dieser erfolgt zunächst über kleine Teilautomatisierungen hin zur Vollautomatisierung, bei der etwa 80 % aller Prozesse im Unternehmen automatisiert sind, z. B. indem die Ausgangsrechnungen in Datenform ohne menschliches Zutun erstellt, übermittelt werden und deren korrekte Bezahlung geprüft wird. Die restlichen 20 % bestehen in Sonderfällen, die auch weiterhin noch per Hand erledigt werden. Insgesamt werden wichtige Entscheidungen außerhalb der Routinen immer noch von Menschen getroffen oder programmiert.

3. Der letzte Schritt zum selbstfahrenden Unternehmen beruht darauf, dass die Daten nicht nur in lesbarer Form vorliegen und von Programmen verarbeitet werden, sondern dass aufgrund von historischen Daten Algorithmen die Entscheidungen treffen und diese Entscheidungen aufgrund von Lernprozessen angepasst werden. Damit werden jetzt operative und taktische Entscheidungen vom System lernend getroffen – und es wird ein erheblich größerer Teil jener Sonderfälle abgedeckt, die bisher von den Programmen nicht bewältigt werden konnten.

So wurde der Begriff „selbstfahrend" auch bewusst gewählt. Er orientiert sich zwar an den Stufen hin zum selbstfahrenden Automobil, geht aber nicht bis zum Extrem. Bei Fahrzeugen wäre die höchste der erreichbaren Stufen das autonom fahrende Auto. Dieser Denkansatz soll an dieser Stelle auch auf Unternehmen angewendet werden. Dennoch sprechen wir von Entwicklungen, die nicht vor 2035 erreichbar werden. Die gesellschaftlichen Rahmenbedingungen und die abgeschätzten Weiterentwicklungen, die für diese Idee benötigt werden, sind zum jetzigen Zeitpunkt noch nicht absehbar. Aus diesem Grund sprechen wir in diesem Buch bewusst von der Vision vom selbstfahrenden Unternehmen und bleiben damit auf der Ebene des sinnvoll Umsetzbaren. Der Mensch wird bis 2035 weiterhin entscheiden, wohin die Reise geht – das Unternehmen wird diese Entscheidungen selbstfahrend bewältigen.

Im Kontext des Unternehmens oder einer Organisation bedeutet selbstfahrend, dass der Großteil der Entscheidungen auf Grundlage von Daten von Software mithilfe von Algorithmen und Lernprozessen getroffen werden. Dabei wird die Menge der Daten aufgrund der automatisierten, laufender Erfassung sämtlicher systeminternen Informationen im gesamten Unternehmen, relevanter Stakeholder und der Nutzung von Big Data gewaltig sein und ungeahnte Möglichkeiten eröffnen, da die Algorithmen extrem schnell und präzise arbeiten – viel präziser als

Abb. 2.12 Foto einer Quadrocopter-Drohne (Kendall 2020)

Menschen es selbst mit viel geringeren Datenmengen sind, wie sie aktuell noch vorliegen.

Dies lässt sich am besten anhand von Beispielen illustrieren: Eine Drohne in Form eines Quadro- oder Multicopters könnten wir mit der Hand unmöglich steuern, zu viele Daten von zu vielen Sensoren müssen hier gleichzeitig verarbeitet werden, um das Fluggerät laufend zu stabilisieren und zielsicher zu steuern (vgl. Abb. 2.12).

Auch das selbstfahrende Auto kann heute bereits erheblich größere Mengen an Informationen gleichzeitig erfassen und verarbeiten als ein Mensch es könnte. An letzten Problemen, besondere Situationen richtig zu interpretieren, wird bereits gearbeitet, während die Verkehrsregeln, die Menschen für ihre Führerscheinprüfung büffeln, vom System in Sekundenschnelle gelernt werden. Sie verfügen über exakte Kenntnisse aller Karten, die als Pläne, aber dank Google auch als Satellitenbilder und Straßenansichten verarbeitet werden, mit allen Schildern, die dann auch bei Schneesturm richtig erfasst und mit der Bordkamera abgeglichen werden. Darüber hinaus messen Lichtsensoren laufend alle Abstände rund um das Fahrzeug, zum Beispiel zu Spaziergängern und Radfahrern. So verfügen heute bereits ganze Städte über einen selbstfahrenden öffentlichen Verkehr, wie Shenzen in China, das chinesische „Silicon Valley", auch wenn meist noch menschliche „Aufpasser" mit unterwegs sind. Die einzelnen Fahrzeuge lernen laufend im Betrieb und teilen ihre Erfahrungen mit allen anderen Fahrzeugen, lernen also z. B. mit einem Tuch umzugehen, das der Wind über die Fahrbahn weht.

Die Erfahrungen zeigen, dass diese Systeme weit sicherer agieren als menschliche Fahrer, denn sie werden nicht müde, trinken keinen Alkohol und lassen sich nicht durch das Bedienen des Navigationsgeräts, durch Essen, Trinken oder Handyanrufe ablenken. Darüber hinaus entscheiden sie streng rational und niemals aus Wut oder Übermut. Auf lange Sicht wird der Verkehr also selbstfahrend und vom Menschen gesteuerte Autos werden nur noch auf privaten Rennstrecken zugelassen.

Wir sind also mitten in einem Prozess und kurz davor, das Fahren einem selbstfahrenden Auto zu überlassen. Nur beim Unternehmen glauben wir immer noch, dass es besser ist, alles per Hand zu machen. Auch wenn es die einzige logische Konsequenz ist, dass alles, was selbstfahrend sein kann, früher oder später auch selbstfahrend sein wird. Gesteuert von hoch intelligenten, hoch lernfähigen und zuverlässigen Systemen, die genau da eingesetzt werden, wo sie den Menschen weitaus überlegen sind.

Wenn wir den Prozess der Digitalisierung, hin zum digitalen Unternehmen, heute als rasant wahrnehmen, liegt das nur an dem Planungshorizont, der heute so beschränkt ist und mit der Wandlung von analogen in digitale Daten endet. Dies ist aber nur der erste Schritt auf dem erheblich längeren Weg hin zum selbstfahrenden Unternehmen.

Wird der Planungshorizont also hin zum selbstfahrenden Unternehmen 2035 erweitert, werden wir merken, dass aktuell im Grunde noch nicht sehr viel auf diesem Weg passiert. Es wird allerdings eine unerlässliche Grundlage gelegt, die in einer exponentiellen Entwicklung mündet (vgl. Abb. 2.13). Und genau hier liegt die größte Herausforderung im beschriebenen Szenario. "Die größte Schwäche der Menschheit ist ihre Unfähigkeit, die Exponentialfunktion zu verstehen", sagte bereits der Physiker Al Bartlett in "The Essential Exponential!" (Bartlett 2006).

Diese Exponentialität setzt ein, wenn immer mehr Teile des Systems sich verselbstständigen, lernen, untereinander kommunizieren und immer größere Mengen an Daten in Echtzeit erfassen und im Sinne der Unternehmensziele verarbeiten. Es werden also längere Zeit kaum Fortschritte sichtbar werden, plötzlich wird es aber unglaublich schnell und steil aufwärts gehen. Einen wesentlichen Beitrag dazu werden auch die weiterhin immer stärkeren Rechner leisten. Unternehmer, Eigentümer, Entscheider und Politiker müssen also heute bereits lernen, nicht nur linear in einem Horizont von fünf Jahren zu denken, sondern exponentiell mit einer großen Vision vor Augen. So werden die selbstfahrenden Unternehmen die analogen, halbdigitalisierten Unternehmen nicht nur bald mit konstant hoher Geschwindigkeit überholen, sondern dabei weiter beschleunigen.

Abb. 2.13 Darstellung
einer Exponentialfunktion

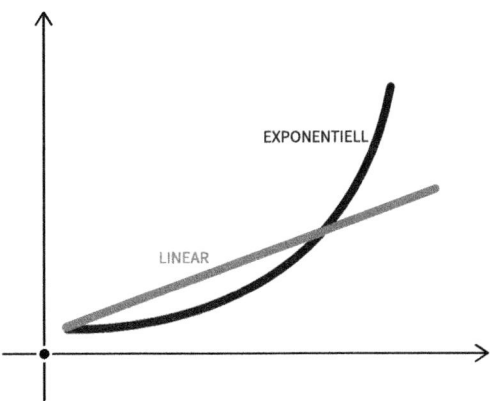

Voraussichtlich wird es bis etwa 2030 dauern, bis diese Veränderungen sichtbar werden, dann wird die Kurve steil nach oben gehen. Jene Unternehmen,
die bis dahin keine geeignete Grundlage geschaffen haben, werden dann den
Anschluss nicht mehr schaffen. Wenn sie dann nur das alte ERP-System tauschen wollen, müssen sie mit einem Zeitraum von 4–5 Jahren rechnen. Je größer
die Unternehmen sind, desto früher müssen sie anfangen, sich auf diese großen
Veränderungen vorzubereiten. Kleinere Unternehmen werden es insofern leichter haben, da sie kleinteiligere und cloudbasierte Softwareprodukte vom Markt
beziehen werden, die über diese intelligenten Lösungen verfügen und auch die
entsprechende Integration mit den übrigen Werkzeugen mitbringen werden.

Auch weiterhin wird es überwiegend analoge Unternehmen geben, nicht für
alle Geschäftsmodelle ist das selbstfahrende Unternehmen eine sinnvolle Vision.
Die kleine exquisite Werkstätte in einem Alpenstädtchen wird auch weiterhin die
maßgeschneiderte Hirschlederhose per Hand fertigen und die Rechnung anschließend händisch ausstellen. Dabei trifft jedoch der oder die Eigentümerin eine
bewusste Entscheidung gegen die globale Skalierbarkeit und findet sich mit dem
beschränkten Wachstumspotenzial ab. Vermutlich wird er oder sie die Tätigkeit als
sinnstiftend begreifen. Wenn die Produkte nun auch noch zu einem außergewöhnlich hohen Preis vom Markt angenommen werden, wird der oder die Eigentümerin
auch annehmlich davon leben können.

Die großen Unternehmen werden die Veränderung mitmachen müssen, sonst
werden sie völlig vom Markt verschwinden, wie zum Beispiel Nokia oder Kodak.
Sie werden mit den heute vorliegenden Rahmenbedingungen im Jahr 2035 nicht
mehr zurechtkommen, mit den digitalen Schnittstellen zu Partnerunternehmen

und Behörden nicht mehr kompatibel sein, mit der extremen Anpassungsfähigkeit ihrer Konkurrenten nicht mithalten können und den Bedürfnisse ihrer Kunden und Kundinnen nicht mehr gerecht werden, die es mittlerweile gewöhnt sind, dass all ihre Wünsche von den Anbietenden professionell erfasst und verstanden werden. Heute ist es also das Wichtigste für die Unternehmen zu erkennen, dass sie sich zur Gänze in Bewegung setzen müssen. Es genügt nicht, kleine Digital Units als Leuchtturmprojekte aufzubauen und zu versuchen, damit den brachliegen Rest zu überstrahlen. Vielmehr ist eine völlige Restrukturierung des Unternehmens erforderlich – nicht des Geschäftsmodells, sondern des gesamten Unternehmens. Wenn das Geschäftsmodell heute funktioniert, kann zunächst davon ausgegangen werden, dass dieses auch mit dem selbstfahrenden Unternehmen funktioniert.

Der Prozess muss radikal umgesetzt werden. Allein 80 % aller Daten im Unternehmen in maschinenlesbarer und weiter verarbeitbarer Form zu digitalisieren ist eine gewaltige Herausforderung. Diese Herausforderung ist umso größer, wenn man bedenkt, dass viele Unternehmen bereits seit Mitte der 1990er Jahre mit der Digitalisierung beschäftigt sind, also mittlerweile 25 Jahre.

Generell gilt es nicht, abzuwarten bis ein bestimmter Status der Technologie als Ganzes erreicht ist. Am besten ist es, an verschiedenen Stellen bzw. Bereichen des Unternehmens anzusetzen. Wenn z. B. im Vertriebsbereich bereits ein digitales CRM System aufgebaut ist, kann begonnen werden, dieses zu automatisieren, wie beim automatisierten Kontaktieren: Replys oder Newsletter können den Beginn der Entwicklung markieren. Dies muss jetzt nicht zwingend heißen, dass zum Beispiel der Text des Newsletters automatisiert generiert wird. Hier wird es weiterhin sinnvoll sein, diesen von einem Experten oder einer Expertin verfassen zu lassen.

Speziell die wichtigen erfolgreichen Vertriebskontakte werden weiterhin von Mensch zu Mensch stattfinden. Alles rundherum, sämtliche Routinen, die viel Zeit in Anspruch nehmen sollen jedoch automatisiert werden. So ist es bereits seit 2015 technisch möglich, einen Termin automatisiert zu vereinbaren, indem die Zeitmanagement Software die freien Termine aller Beteiligten erfasst und nach Übereinstimmung prüft, was bei mehreren Personen oft mit endlosen und wiederholten Telefonaten verbunden ist. Für die Software ist das ein Klacks, vorausgesetzt alle Beteiligten verfügen über die entsprechende technische Ausstattung. Im Moment sind es jedoch nur ein paar „Early Adopters", die diese Software nutzen – aber es ist nur mehr eine Frage der Zeit, bis das ganz normal ist. Dies geschieht meistens dann, wenn ein bestimmter Nutzen gegeben ist und eine kritische Masse erreicht wurde. Dann entsteht bei solchen Anwendungen ein viraler Effekt: so wie zuvor auch bei Skype, Zoom oder WhatsApp besitzen einige User diese Technologie und kontaktieren ihre Freunde und Geschäftspartner, doch auch diese App zu nutzen, um miteinander besser zu kommunizieren oder zu kooperieren. Je besser die Anwendung, desto rascher sind diese Leute überzeugt und kontaktieren ihrerseits wiederum Freunde. Dann kommt es zum Schneeballeffekt, der rasch den ganzen Globus überzieht.

Das Beispiel der automatisierten Terminvereinbarung zeigt eine Anwendung im Bereich der Automatisierung. Diese ist jedoch noch nicht intelligent. Intelligent wäre die Terminvereinbarungs-App, wenn sie aufgrund von internen und externen Unternehmensdaten erfährt, dass bestimmte Leute einen Termin vereinbaren sollten. Wenn z. B. aufgrund eines eingegangenen Großauftrages vom System festgestellt wird, dass im Lager zu wenig Stahlkomponenten vorrätig sind und der bestehende Lieferant nicht mehr Kapazitäten hat, wird diese Info zusammen mit einem Terminvorschlag mit den weiteren Lieferanten an den Einkäufer übermittelt, der diese mit einem Klick freigibt. Das selbstlernende Agentensystem hat zuvor sekundenschnell weltweit recherchiert, wer für diese Komponenten die Bestbieter sind.

Ähnliche Funktionen sind für alle Entscheidungen denkbar, die von intelligenten Systemen nicht selbst getroffen werden können. Es wird der Mensch eingeschaltet, und er wird über die Situation, die Notwendigkeit des Handelns und mit konkreten Vorschlägen versorgt. So erhält der softwaregesteuerte Instandhaltungstechniker Information samt Handlungsanweisung und -ort auf seine Datenbrille, wenn die Wartung nicht vom System selbstständig durchgeführt werden kann.

Manchen Leuten wird so eine Vorstellung Angst machen. Doch blicken wir in die Vergangenheit erkennen wir, dass jeglicher Technologiesprung im Vorfeld mit Ängsten verbunden war. Im 19. Jahrhundert glaubte man, dass Bahnfahren über 50 km/h die Gesundheit gefährdet, als die Maschinen in den Fabriken Einzug hielten, hatten die Menschen Angst, dass es keine Arbeit mehr für sie gibt. Ebenso, als die ersten PCs in den Büros auftauchten und später das Internet und die New Economy die Wirtschaft veränderten. Keine dieser Ängste hat sich bewahrheitet und der Bedarf von Beschäftigten und Arbeitslosen ist im Wesentlichen gleichgeblieben. So ist generell der Bedarf an menschlicher Arbeitskraft viel stärker von der Konjunktur im Allgemeinen abhängig als von den bisher genannten technologischen Innovationen.

Literatur

Bartlett, Al. (2006). The essential exponential! For the future of our planet. *Journal of Chemical Education* 83. https://doi.org/10.1021/ed083p549.2.

Doerr, J. (2018). Measure What Matters: How Google, Bono, and the Gates Foundation Rock the World. https://www.ted.com/talks/john_doerr_why_the_secret_to_success_is_s etting_the_right_goals?language=de. Zugegriffen: 1. Dez. 2021.

Fortune. (2020). Global 500. https://fortune.com/global500/search/?name=apple. Zugegriffen: 1. Dez. 2021.

Gasteiger, J., & Zupan, J. (1999). *Neural networks in chemistry and drug design.* New York: Wiley-VCH.

Kendall, R. (2020). Foto einer Drohne. https://unsplash.com/photos/6nRjHtBDk4o. Zugegriffen: 1. Dez. 2021

Kraikivski, P. (2019). Seeding the Singularity for A.I. In: Cornell University, Computer Science, Artificial Intelligence. https://arxiv.org/abs/1908.01766. Zugegriffen: 1. Dez. 2021.

Obermaier, R. (Hrsg.). (2019). *Handbuch Industrie 4.0 und Digitale Transformation: Betriebswirtschaftliche technische und rechtliche Herausforderungen.* Wiesbaden: Springer Gabler.

Reiss, S. (2004). Multifaceted nature of intrinsic motivation: The theory of 16 basic desires. *Review of General Psychology, 8*(3), 179–193.

Schönert, W. (1996). *Werbung, die ankommt.* München: MI Wirtschaftsbuch.

Statista (2020). Prognose zum Volumen der jährlich generierten digitalen Datenmenge weltweit in den Jahren 2018 und 2025. https://de.statista.com/statistik/daten/studie/267974/umfrage/prognose-zum-weltweit-generierten-datenvolumen/. Zugegriffen: 1. Dez. 2021.

Turing, Alan (1950): Computing machinery and intelligence. In: Mind. Band LIX, Nr. 236, 1950, S. 433–460.

Weizenbaum, J. (1966). ELIZA – A computer program for the study of natural language communication between man and machine. In: *Communications of the ACM.* 1. Aufl. Juni 1966, S. 36–45.

Wergin, D. (2018). Unsere Daten haben Trumps Strategie bestimmt. In: Die Welt online. https://www.welt.de/politik/ausland/article174785094/Cambridge-Analytica-Unsere-Daten-haben-Trumps-Strategie-bestimmt.html. Zugegriffen: 1. Dez. 2021.

GRANOBIZ – ein Beispiel aus dem Jahr 2035

3

Um die theoretischen Überlegungen praxisgerecht zu illustrieren, wird in diesem Kapitel ein konkretes Beispiel eines selbstfahrenden Unternehmens dargestellt. Mit dem Müsliriegel-Hersteller der fiktiven Marke GRANOBIZ sollen die vielfältigen Aspekte der Entwicklung von 2020 bis 2035 aufgezeigt werden.

Am Beginn dieser Entwicklung steht ein klassisches Organigramm, wie in Abb. 3.1 dargestellt.

Diese gewachsene Struktur wird in der laufenden Evolution zum selbstfahrenden Unternehmen im Sinne eines agilen Unternehmens in ein neues Organigramm übergeführt.

Der Kern des selbstorganisierenden Marktforschungs- und Produktentwicklungsteams (bisher: Forschung und Entwicklung) besteht weiterhin in Menschen, die aufgrund ihrer Kreativität vollkommen neue, so genannte disruptive Produkte entwickeln. Diese Produkte sind nicht als lineare Weiterentwicklung einer bestehenden Produktlinie zu verstehen. Disruptiv bedeutet z. B., die Beziehung zwischen Unternehmen, Produkt und Kunde völlig neu zu denken. Im Bereich von Müslimischungen ist dies längst im Rahmen von Industrie 4.0 erfolgt, hier können die Kunden z. B. bei „MyMüsli" online ihr eigenes Müsli konfigurieren (MyMüsli 2020). Statt dem Kauf eines fertigen Produktes erfolgt hier eine automatisierte Form eines individuellen Produktes, wodurch gleichzeitig die Kundenbindung erheblich gesteigert wird.

GRANOBIZ geht hier noch einen Schritt weiter und ermöglicht auch eine individuelle Verpackung und Größe. Anhand einer intuitiven Benutzeroberfläche kann der Kunde seinen Wunsch-Müsli-Schokoriegel zusammenstellen. Im Jahr 2035 wird das mit einer ausgewogenen Menge an Zusatzstoffen, wie dem ganzen Spektrum an etwa 10.000 sekundären Pflanzenstoffen sowie Spurenelementen und Vitaminen erfolgen. Damit schmeckt der Müsliriegel nicht mehr nur gut. Der Riegel für den Snack am Vormittag regt an und belebt das Zentralnervensystem, jener

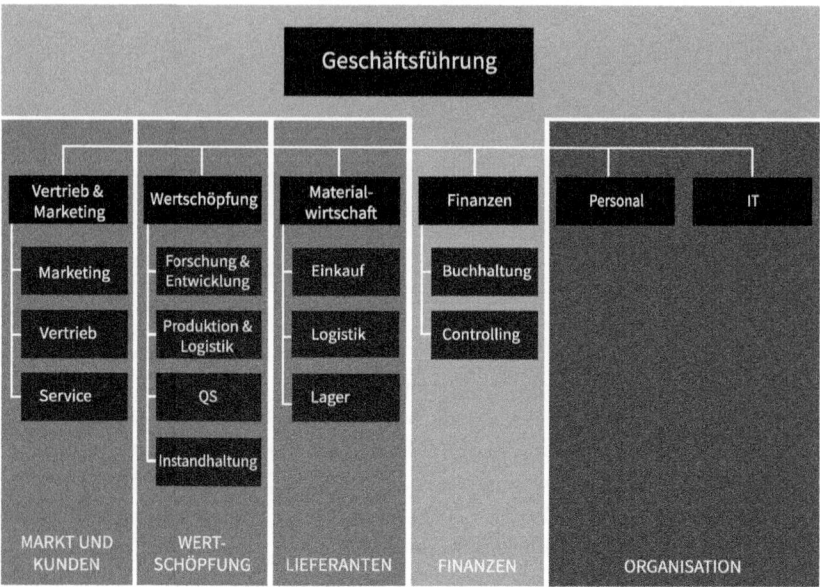

Abb. 3.1 Klassisches Organigramm von GRANOBIZ im Jahre 2000–2020

für den nachmittäglichen Sport enthält unter anderem besonders viel Magnesium und die Variante für den späteren Nachmittag beruhigt, entspannt und sorgt für einen erholsamen Schlaf.

Aber auch in Zukunft werden nicht alle Kunden und Kundinnen sich ihren Riegel konfigurieren wollen. Es ist also davon auszugehen, dass auch bestehende Varianten weiter im Sortiment bleiben, vor allem weil sich diese besonders gut als agile digitale Marken weltweit und zielgruppengerecht positionieren lassen. So wie zum Beispiel aktuell die Eissorte Magnum des Unilever-Konzerns eine starke Markenpersönlichkeit aufbauen konnte, wird auch GRANOBIZ solche Cash Cows im Sortiment haben. Diese werden sich laufend und hochgradig automatisiert an die unterschiedlichsten Bedürfnisse der wichtigsten Kundengruppen weltweit anpassen.

Gibt es z. B. Feedback von einer repräsentativen Zahl an Kunden in Kanada, dass die Variante CrispyNut etwas zu süß ist, erfolgt sofort eine automatisierte Bewertung durch GRANOBIZ. Da alle Unternehmensdaten vollständig vernetzt und unmittelbar verfügbar sind kann mit den dafür vernetzten Algorithmen sofort eine Einschätzung vorgenommen werden, welche Entscheidung die strategisch zielführendste ist:

1. Produktentwicklung, den Zuckergehalt bei CrispyNut um 7 % senken
2. Diversifizieren und eine neue Sorte, „CrispyNut vital" entwickeln
3. Diesen Kundencluster verstärkt mit einer bestehenden, weniger süßen Variante adressieren, zum Beispiel über eine präzise zielgruppenorientierte, automatisierte Anzeigenkampagne in Facebook.

Bei größeren Entscheidungen wird immer noch das Produktentwicklungsteam einbezogen, wobei die Datenpräsentation vom System erledigt wird. Gegebenenfalls wird es sich dabei um ein virtuelles Team handeln, das sich in mehreren Ländern diese Datei ansieht, diskutiert, neue Ideen und Prototypen entwickelt, diese testet und gegebenenfalls die manuelle Freigabeentscheidung vornimmt (vgl. Abb. 3.2).

Die Bestellungen der Millionen weltweit verteilten Einzelkunden und -kundinnen sowie auch Zwischenhändlern erfolgen vollautomatisiert über den Webshop. Zusätzlich wird dabei eine dritte Softwareplattform eingesetzt, die das Bestellwesen vieler Zulieferer- und Abnehmerbetriebe vollautomatisch organisiert. Bestellt das System von GRANOBIZ Hafer bei der Mühle, läuft dies über die Plattform. Auch die neuen Ausschreibungen für neues Serienmaterial, wie Amaranth aus Südamerika erfolgen vollkommen automatisiert über die Handels- oder Contract-Plattform (ehemalige eProcurement-Plattform). Das System entscheidet intelligent über das zu beschaffende Material und den idealen Hersteller oder Lieferanten. Es wickelt sämtliche Formalitäten ab, ohne dass dafür im Regelfall ein menschlicher Eingriff erforderlich ist. Es wird daher auch nur mit jenen Lieferanten kooperiert, die ebenso einen hohen Grad der Digitalisierung erreicht haben.

Dabei haben sich bis 2035 einige wenige globale Anbieter für Handelsplattformen und Contract-Plattformen durchgesetzt, mit denen die Zusammenarbeit reibungslos funktioniert, was erneut für eine erhebliche Effizienzsteigerung sorgt. Diese Handelsplattformen sind für die eine Seite Vertriebsplattformen und für die andere Seite eProcurement-Plattformen. Der massive Mehrwert dieser gemeinsamen Plattformen liegt im automatisierten Austausch von Auftragsdaten, Lieferdaten und Rechnungsdaten. Denn mit der dritten Plattform wird erheblich Komplexität reduziert, die sonst über vielfältigste Einzelinteraktion zu bewältigen wäre. Mit der Plattform werden auch finanzielle Transaktionen erheblich reduziert, da nicht jeder Teilbetrag ständig hin und her verrechnet werden muss. Vielmehr repräsentiert das System in Echtzeit den aktuellen Status der vielfältigen gegenseitigen Guthaben oder Forderungen, wodurch auch positive, internationale

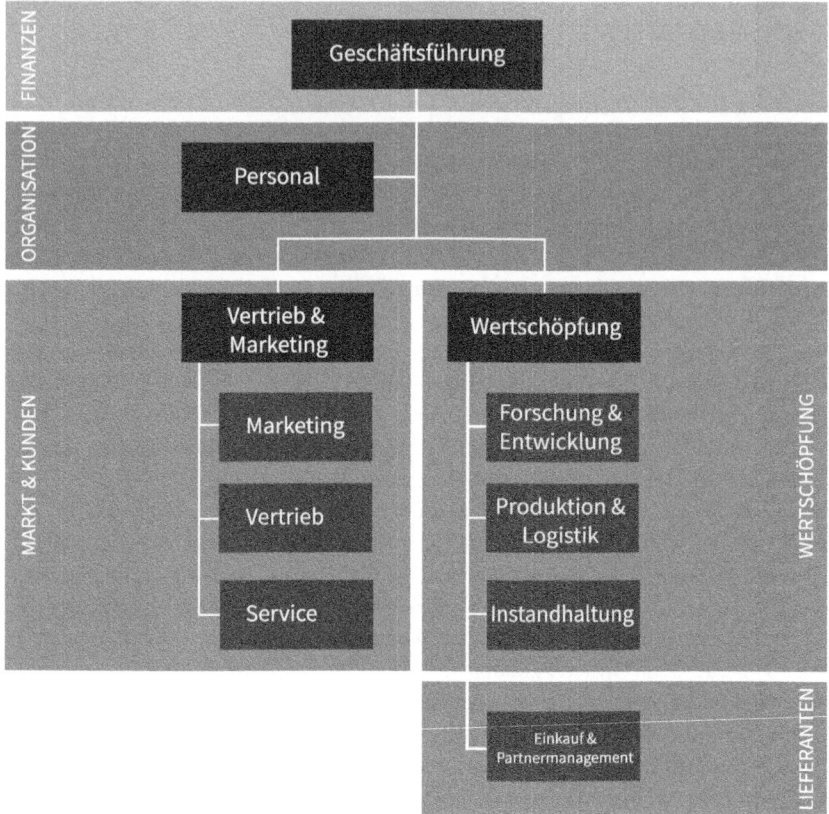

Abb. 3.2 Mögliches Organigramm des selbstfahrenden Unternehmens GRANOBIZ 2035

fiskale Effekte entstehen. Im Gegensatz zu den Steuertricks der Großkonzerne der 2020er-Jahre gilt bei der Handelsplattform 2035 eine wahrgenommene Gerechtigkeit, die mit absoluter Transparenz des Systems selbst für kleine Biobauern gewährleistet werden kann.

Sachbearbeitende im Einkauf sind längst Geschichte. Diese menschliche Aufgabe wurde durch spannendere und sinnstiftende Arbeiten abgelöst. Beschaffung bedeutet bei GRANOBIZ 2035, mit einem internationalen Team langfristige Trends in den Zielländern anhand von automatisch aufbereiteten Metadaten zu

analysieren und gegebenenfalls notwendige operative sowie langfristig strategische Entscheidungen zu treffen oder kreative neue Ansätze zu entwickeln.
Mit den wichtigen Großlieferanten wird ein reger persönlicher Kontakt gepflegt,
bei den wechselseitigen Diskussionen entstehen immer wieder neue Ideen, die
hinsichtlich ihrer Umsetzbarkeit analysiert werden.

Die Kundenbeziehung wird darüber hinaus in automatisierter Weise vollständig individualisiert. GRANOBIZ kennt jeden einzelnen Kunden, kennt seine oder
ihre Vorlieben und weißt z. B., genau dass Marie-Luise Müller einen bestimmten, individuellen Hyper-Eiweiß-Sportriegel bevorzugt und in welcher Menge sie
diesen konsumiert. Daraus werden im Unternehmen automatisierte Rückschlüsse
für zukünftiges Verhalten und damit auch für die zukünftige Produktion gezogen.
Verändert sich das Verhalten plötzlich, weil Frau Müller sich beim Sport ver-
letzt hat, kann das Unternehmen auch auf diese Situation rasch reagieren und in
einem bedürfnisorientierten Dialog mit Frau Müller die Variante „CuraBar" vor-
schlagen, die besonders gut die Regeneration unterstützt. So werden die Kunden
über Jahre begleitet. Mit 18 gehen sie noch ins Fitnessstudio, um Muskeln aufzubauen, dann verlegen sie ihre Aktivitäten sukzessive mehr Richtung Outdoor und
Mountainbike, später beginnen sie mit dem Nordic Walking. GRANOBIZ 2035
versteht sich als Personal Coach und Trainer, der seine Kunden ein Leben lang
begleitet und in jeder Situation das passende Ergänzungsnahrungsmittel anbietet.
Diesen Job erledigt GRANOBIZ nicht nur für alle liebgewonnenen Bedürfnisse
von Frau Müller, sondern für Millionen Kunden weltweit, und das aufgrund der
Algorithmen stets in der höchsten Qualität.

Im B2B-Bereich erfasst GRANOBIZ wichtige Marktpartner, wie zum Beispiel
die Fitnessstudios. Da sämtliche Daten über das Nutzungsverhalten vorliegen,
besteht eine hervorragende Basis, um hier wiederum den Menschen einzusetzen und persönliche Kontakte mit den Betreibern der Studioketten herzustellen.
Bei wichtigen Großkunden werden also nach wie vor das persönliche Gespräch,
der Beziehungsaufbau und das Vertrauen die entscheidende Rolle spielen. Die
Rolle des Außendienstmitarbeiters wird aufgewertet, da ihm sämtliche Daten zur
Verfügung stehen, um eine positive Kaufentscheidungen zu erreichen. Die intelligente Vertriebssoftware wird alle Details des Meetings abstimmen, die Agenda
festsetzen und unterstützendes Marketingmaterial für das Gespräch direkt am
entsprechenden Ort bereitstellen. Selbst ein „Drehbuch" für den erfolgreichen
Verkaufsabschluss wurde durch die KI-basierte Software vorbereitet und eine entsprechende Einwandbehandlung vorbereitet. So kommt der Vertrag zustande und
die erzeugten Daten des Verkaufsgesprächs fließen für zukünftige Verbesserungen
wieder in die Vertriebssoftware ein. Zusätzlich bewirkt der erfolgreiche Abschluss
in Echtzeit die relevanten Aktivitäten bei GRANOBIZ. Die Produktion wird

eingeplant und Logistik und Versand vorbereitet – alles wiederum vollständig automatisiert.

Auch bei neuen Produkten wird der Mensch weiterhin eine entscheidende Rolle spielen. Nach wie vor werden die neuen Riegel persönlich begutachtet und verkostet. GRANOBIZ kann sich aufgrund seiner guten Margen einen Food Scout leisten. Der Biologe, Ethnologe und Haubenkoch ist auf der ganzen Welt unterwegs und wohnt wochenlang bei Naturvölkern, setzt sich intensiv mit deren über Jahrtausende entstandenen Ernährungsgewohnheiten auseinander. Er streift mit den Indios durch den Dschungel, findet Nüsse, Früchte und Wurzeln mit herausragenden Eigenschaften, die bisher noch in keiner Küche der Welt verarbeitet wurden. Auf Grundlage aktueller Laborgutachten werden diese Stoffe freigegeben und gehen in die neuen Produkte ein. Hier finden spannende Workshops in der Experimentalküche des Unternehmens statt. Zusammen mit dem CEO, dem Marketingleiter und den Chefs von Produktentwicklung und Marktforschung wird gehackt, geschnitten, gerührt, gebacken und gebraten bis ein Riegel entstanden ist, den die Welt noch nicht gesehen hat. Nachdem der Prototyp erfolgreich getestet wurde, nimmt das System die weitere Produktion, Vermarktung und Vertrieb wieder völlig selbstfahrend auf. Dieses Beispiel zeigt gut, wie das selbstfahrende Unternehmen ungeplante neue Rollen, Titel und Jobs generieren wird.

Immer wieder erzählt man sich bei den informellen Treffen im Garten der Firmen-Cafeteria die alten Geschichten aus den 2020er Jahren, als der Tag noch zu 95 % aus lähmenden PC-Arbeiten bestand, man mit Kopf- und Nackenschmerzen nach Hause ging und innerlich so leer war, dass lediglich ein Abend vor dem Fernseher oder einer Netflix-Serie einen kleinen Trost darstellte. Dabei hatten doch alle gedacht, dass sie so fortschrittlich sind. Man hatte auf die Fließbandarbeiter des 19. Und frühen 20. Jahrhunderts herabgeblickt, die unter erbärmlichen Bedingungen ihr Dasein mit ewig gleichen Handgriffen an der Maschine fristen mussten – ohne zu erkennen, dass das teildigitalisierte Unternehmen bis zu den 2020er Jahren lediglich eintönige Körperarbeit durch eintönige Kopfarbeit ersetzt hat.

„Ein intelligenter Mensch arbeitet spielerisch" erkannte Bruno Kreisky bereits in den 1970er Jahren. Leider war es damals nur wenigen Menschen vergönnt, im Unternehmen wirklich intelligent arbeiten zu dürfen, letztlich blieb dies den Top-Führungskräften vorbehalten. Wer zu viele neue Ideen einbrachte, galt als Störenfried und gefährlich. Er wurde entweder zum „Dienst nach Vorschrift" gedrängt oder überhaupt gekündigt. „Wir machen das hier so, wie wir das immer gemacht haben." Erstaunlich, wie lange sich diese Form der Arbeitsorganisation halten konnte.

Die GRANOBIZ-Bestellungen gehen in Echtzeit ins Lager, indem seit der Errichtung der komplexen, hochflexiblen Hightech-Anlage kein einziger Mensch mehr mit dem Gabelstapler herumfährt. Mittlerweile werden alte Geschichten erzählt, wie jene vom Alkohol-Präventionsprogramm, mit dem versucht wurde, die Lagerarbeiter von der Sucht fernzuhalten. Dennoch kam es immer wieder zu Unfällen und schweren Verletzungen, weil die Staplerfahrer den Flachmann gut versteckt hatten.

Bei GRANOBIZ gibt es keine jährliche Inventur mehr, da das System der selbstfahrenden Organisation mit der Echtzeitinventarisierung laufend über den aktuellen IST- und SOLL-Status verfügt und alle erforderlichen Maßnahmen sofort einleitet, wie die Bestellungen bei den Lieferanten. Diese sind bereits ebenfalls hochgradig automatisiert, wodurch auf Grundlage des bestehenden Liefervertrages auch auf dieser Seite kein menschlicher Eingriff mehr erforderlich ist. Kam es früher noch zur Eintragungs- oder Übertragungsfehlern oder zum Dokumentenverlust, wenn der Wind ging und das Fenster im Büro offen war, arbeitet die Software im Jahr 2035 vollkommen fehlerfrei, da sie komplex im gesamten Unternehmen vernetzt ist und jede geringste Abweichung in diesem Gesamtorganismus sofort erfasst und korrigiert wird, ohne dass die Controlling-Abteilung einen Mitarbeiter dafür einsetzen muss.

Jeder, der im Fach Mathematik einmal eine Logistikaufgabe berechnen musste, weiß, dass mit einer optimierten Logistik erhebliche Potenziale einzusparen sind. Ein gängiges Beispiel ist das Betriebsgelände mit mehreren Büros und Produktionsstätten, das im Plan mit allen Abmessungen aufgezeichnet ist. Dazu kommt die Zahl der Mitarbeiter in den einzelnen Produktionsstätten. Die Frage ist nun, wo auf dem Gelände sich die Betriebskantine am besten befinden soll. Die Durchfallquoten bei der Mathematik-Matura vor allem bei solchen Textaufgaben zeigen, wie schlecht die meisten Menschen für die Lösung solcher Probleme geeignet sind. Für die Algorithmen in selbstfahrenden Unternehmen ist dieses Problem in weniger als einer Nanosekunde gelöst. Zudem wird die Logistik nicht nur für einen konkreten Status berechnet, sondern die Lösungen befinden sich in einem ständigen Fluss, wobei sich die einzelnen Parameter, wie die Lage und die Menge der jeweiligen Produkte oder Rohstoffe ständig gegenseitig über den aktuellen Status austauschen.

So funktioniert das Lager im selbstfahrenden Unternehmen 2035 vergleichsweise wie ein Ameisenstaat: Hier hat die Evolution schon vor 130 Mio. Jahren dafür gesorgt, ein komplexes, dezentrales Informationssystem aufzubauen, das höchste Effizienz und einen herausragenden Erfolg dieser Tierart bis heute bewirkt hat: Trotz der Bevölkerungsexplosion besteht immer noch mehr Biomasse in der Form von Ameisen als von Menschen auf diesem Planeten. Kurz erklärt:

Jede Ameise hinterlässt auf ihren unablässigen Wegen Informationen in Form von Duftspuren, z. B. über Feinde, Baumaterial oder Futterquellen. Kreuzt eine Ameise einen Weg, erhält sie die Information, dass sie rechts abbiegen muss und sich dort in etwa 2,5 m Entfernung der leckere Kadaver einer Schmetterlingslarve befindet, der gemeinsam in den Bau abtransportiert werden soll. Die Richtung kann von Ameise 2 über die Stärke des Duftes erkannt werden. Im konkreten Fall wird der Duft nach links stärker, wohin sich die informationsgebende Ameise bewegt hat – daher weiß die andere Ameise, dass sie nach rechts gehen muss. Wer als Kind im Garten am Bauch liegend Ameisen beobachtet hat, kann sich sicher erinnern, dass die Tiere eine eigenartig eckige Form der Fortbewegung aufweisen. Dies verstehen wir heute genau. Wie in einem Netzwerk von Algorithmen entsteht so im Ameisenstaat ein komplexes Netzwerk von aktuellen Informationen, bei denen genau jene sich vor Ort befindlichen Ameisen im Sinne des Wohles des Gesamtstaates sofort die richtige Aufgabe ausführen.

Würde dieselbe Ameise, so wie es heute in den analogen Unternehmen der Fall ist, zuerst die lange Strecke in den Bau laufen müssen, wären endlose Prozesse erforderlich, um den Abtransport der fetten Schmetterlingslarve zu ermöglichen. Zuerst müsste die Ameise den zuständigen Chef finden. Bei mehreren tausenden Arbeiterinnen eine schwierige Aufgabe. Dann müsste die Lage besprochen werden und es geht erneut eine Suche los, die richtigen Transportameisen zu organisieren. Kommen diese schließlich, nachdem sie sich mehrfach verirrt haben, an dem mutmaßlichen Ort an, ist die Larve längst verschwunden, weil sie eine Krähe gefressen hat.

Mit so einem Organisationssystem wären die Ameisen längst ausgestorben. Interessanterweise arbeiten im Jahr 2020 immer noch die meisten Unternehmen auf dieser – im Grunde primitiven – zentralisierten Basis. Als die Ameisen vor 150 Mio. Jahren ihr „selbstfahrendes" Ökosystem entwickelten, waren sie so erfolgreich, dass in der Zwischenzeit viele andere Insektenarten bereits wieder ausgestorben sind. Die Frage, die sich nun stellt ist, wie viele der analogen Unternehmen im Jahr 2035 noch existieren werden.

Ebenso voll automatisiert wie die Lagerlogistik erfolgt auch der Versand, bei dem GRANOBIZ mit Partnerunternehmen kooperiert, die ebenfalls hochgradig selbstfahrend organisiert sind. Alle anderen Unternehmen haben mittlerweile ihre Aufträge verloren, da das Schnittstellen-Management nicht vollständig digitalisierbar war. Vor vielen Jahren gab es noch ein Interface, bei dem die Lieferanten Ihre Daten manuell eingeben beziehungsweise Frachtpapiere scannen konnte. Dieser Kasten steht mittlerweile im Firmenmuseum.

Literatur

MyMüsli. (2020). Müslimixer. https://www.mymuesli.com/mixer/. Zugegriffen: 1. Dez. 2021

Digitalisierung und technisches Wort-Bingo

4

Als erfahrener Softwarestrategie-Berater sehe ich seit Jahren immer wieder Themen, die in den großen und erfolgreichen Betrieben überhaupt nicht funktionieren. Ein Beispiel, dass das gut veranschaulicht, ist die Anwendung zum Kauf eines Fahrtickets eines öffentlichen Transportunternehmens. Die Idee hinter diesem Prinzip ist ganz einfach: es sollte ermöglicht werden, auf dem Handy eine passende Verbindung zu suchen und das Ticket per Klick zu bezahlen. Gleich vorweg das Ergebnis: Die App kostete das Transportunternehmen über 100 Mio. Euro – während eine durchschnittliche App mit ähnlicher Funktionalität etwa mit 70.000 € zu kalkulieren ist. Was ist hier schiefgelaufen?

Diesem Projekt lag aufgrund der Bestandssysteme eine besonders hohe Softwarekomplexität zu Grunde. Das neue System musste auf fünf großen und unzähligen kleinen bestehenden Softwareanwendungen aufgebaut werden. Das allein wäre grundsätzlich nicht so schlimm, es würde etwa die fünffachen Kosten, also ca. 350.000 € verursachen. Selbst wenn die Anbindung nur einer dieser großen Bestandsanwendungen ca. 1 Million Euro gekostet hätte, wären das nur 5 Mio. Euro, also immer noch weit entfernt von den 100 Mio. Wohin sind also die restlichen Millionen geflossen? Warum kann ein „einfaches" Softwareprojekt solche exorbitanten Kosten verursachen?

Komplexitätstreiber in diesem Projekt waren die Bestandsanwendungen und machtpolitische Begehrlichkeiten im Unternehmen. Zunächst muss man wissen, dass das Transportunternehmen über zahlreiche Bestandsanwendungen verfügte. Diese waren klassisch gewachsene, veraltete Backend-System, die mit jahrzehntealten Programmiersprachen entwickelt waren. Zusätzliche Komplexität verursachte der grenzüberschreitende Transportverkehr, da alle internationalen Verbindungen und Daten ebenfalls berücksichtigt werden mussten und somit weitere Schnittstellen notwendig wurden.

Jede der großen Bestandsanwendungen war einem Teilbereich im Unternehmen zugeordnet und wurde von einem Abteilungsleiter verantwortet. Diese Manager vertraten jeweils unterschiedliche Vorstellungen und zogen nicht wirklich an einem Strang. Statt das Gesamtsystem von Grund auf neu aufzusetzen, wurde auf das Durcheinander der Bestandssysteme mit hoher Komplexität das neue System aufgebaut. Neben dem enormen Integrationsaufwand war auch die machtpolitische Struktur im Projekt viel zu komplex. Die Größe des Projektes, die Komplexität der technischen Lösung und die Vielzahl an unterschiedlichen externen und internen Umsetzern und ihrer Interessen verursachten diese hohen Kosten. Das Ergebnis des Projektes ist eine überteuerte, fehleranfällige Anwendung, die nicht intuitiv in der Handhabung ist, viele Fehler hat und zu allem Überfluss auch noch zu langsam in der Verwendung ist.

Ein ähnliches Problem haben heute noch fast alle Banken, bei denen ebenfalls die softwaretechnischen Grundstrukturen veraltet sind. Diese Unternehmen leisten sich IT- & Softwareabteilungen mit mehreren hunderten Mitarbeitern, damit um diese Uralt-Systeme herum neue Anwendungen aufgebaut werden können. Um diese Mitarbeiter zu managen, sind natürlich auch noch ca. 10 % mittlere und höhere Führungskräfte erforderlich, bei einer 700-köpfigen Softwareabteilung sind das 65 bis 75 Führungskräfte. Für die Abstimmungen mit den einzelnen Fachabteilungen sind jährlich hunderte Meetings erforderlich. Um irgendeinen grundlegenden neuen Prozess zu starten, sind oft drei Jahre aufwendigster Arbeit mit extremen Lohnkosten erforderlich.

Dazu kommen oft erhebliche Widerstände vonseiten der Anwender. Menschen sind Gewohnheitstiere wie viele Mitarbeiter, sie haben paradoxerweise ihre alte Software mit dem DOS-Eingabefenster liebgewonnen und denken überhaupt nicht daran, loszulassen und sich gegenüber neuen Lösungen zu öffnen. In Summe ist es eine breite Masse, die erheblichen Widerstand gegenüber Softwareprojekten ausübt.

Der Weg zu den echten selbstfahrenden Unternehmen ist nur möglich, wenn diese veralteten Systeme radikal modernisiert werden. Wie die Beispiele gezeigt haben verursachen die Versuche, den Altbestand zu überbauen, auf lange Sicht höhere Kosten als die grundlegende Erneuerung der gesamten Software. Während neue Firmengebäude errichtet werden und der Fuhrpark ausgetauscht wird, wird bei der Software vermeintlich gespart, in dem das „gut bewährte Alte" erhalten wird – gerade in einem Bereich, bei dem die Modernisierung besonders rasch voranschreitet.

Hier gibt es den Begriff der „technischen Schuld". Ob Gebäudetechnik, Fahrzeuge oder Software: Jedes technische System, in das nicht laufend investiert wird häuft technische Schuld an. Wenn bei meinem Auto nicht regelmäßige Services gemacht werden, werde ich bald mit umso höheren Reparaturkosten rechnen müssen, weil zum Beispiel mangels Schmierung ein Motorschaden zustande gekommen ist. In der Regel ist davon auszugehen, dass etwa 15–20 % des initialen Projektwertes (Errichtungskosten) in laufende Verbesserungen und Erneuerungen – in der Fachsprache Refactoring genannt – investiert werden müssen, um keine technische Schuld anzuhäufen. Erfolgt dies nicht, muss man diese Schuld irgendwann büßen. Vor allem im Softwarebereich wurde das von vielen Unternehmen bis hin zu großen Konzernen in den letzten Jahrzehnten nicht umgesetzt. In ihrem „Bauch" schleppen sie enorme technische Schuld in Form von inhomogenen Systemen herum.

Dazu wieder ein Beispiel aus der Bankenbranche: Die wichtigsten Kernbankanwendungen von einem Großteil der systemrelevanten Banken in Europa wurde mit der Programmiersprache COBOL oder artverwandten Programmiersprachen aus den 1950er Jahren geschrieben. Die Technologie hinter der COBOL-Programmiersprache beruht auf den alten Lochkarten. Die Lochkarten sind einfache Programme und wurden historisch zur Steuerung von mechanischen Webstühlen entwickelt. Die Banken arbeiten also mit einem dreistufig weitergeführten System, das auf den alten mechanischen Webstühlen beruht. Und nun versuchen sie, nach außen weltgewandt, modern und nach dem Prinzip des Omni-Channel-Services aufzutreten. Das bedeutet, dass jeder Interessent und Kunde, egal über welchen Kanal er oder sie kommt, immer dieselben Geschäftsmöglichkeiten hat und immer dieselben Informationen erhält. Egal ob Datenbrille, WhatsApp, Handy-App, Webseite, Telefon oder am Schalter. Bis heute verfügen etwa 80 % aller Banken über diesen Altbestand. Dass damit keine hohe Agilität erzeugt werden kann, ist leicht nachvollziehbar. Der Weg zur echten Modernität kann also nur gegangen werden, wenn diese Basis vollständig erneuert wird. Auch wenn letztlich alle Top Manager genau dorthin wollen, ist dennoch bis heute keiner bereit, diesen entscheidenden Schritt zu setzen.

Von der Zukunftsvision des selbstfahrenden Unternehmens abgesehen sind damit viele Basisfunktionen, die heute Standard sein sollten, nicht oder nur eingeschränkt möglich. Längst sollte es selbstverständlich sein, überall im Unternehmen über sämtliche Kundeninteraktionen Bescheid zu wissen und entsprechend reagieren zu können. Warum funktioniert das bis heute nicht? Warum sind IT- und Softwareprojekte immer zum Scheitern verurteilt und sprengen sämtliche Zeit- und Kostenvorgaben?

- Aufgrund der extreme angehäuften technischen Schuld: Die Projekte haben eine Größe und Komplexität erreicht, die das Risiko des Scheiterns enorm erhöht. 100 kreative Experten können in so einem Großprojekt nur noch schwer in einer Weise koordiniert werden, die einen effektiven Output erzeugt.

- In der Umbauphase ändern sich laufend die Anforderungen an die bestehenden Systeme, die ja in irgendeiner Form weiter funktionieren müssen – als ob ein Haus umgebaut und gleichzeitig laufend von allen bewohnt werden muss.
- Machtpolitische Einflüsse vom mittleren Management bei großen Unternehmen machen Systemanforderungen meist zu komplex und nicht mehr sinnvoll umsetzbar. Diese Anforderungen werden zudem oft erst während der Umsetzungsphase artikuliert und bringen somit auch gut gemanagte Projekte an den Rand des Scheiterns.
- Die Methoden zur Erstellung und Integration von Software sind zwar in den letzten 50 Jahren deutlich verbessert worden, dennoch zeigt meine Erfahrung, dass über 80 % der industriell gefertigten Softwareprojekte falsch geschätzt werden. Diese falsche Einschätzung über die Zeitdauer und die entstehenden Kosten bereits vor Beginn eines Projektes schädigt den Ruf einer ganzen Branche. Meist sind die Schätzungen 40 bis 50 % unter dem tatsächlich benötigten Aufwand. Meine Erfahrung zeigt, dass diese Projekte meist nicht umgesetzt werden, wenn man den Entscheidungsträgern vorab richtige Kosten kommuniziert. Zurückzuführen ist dieses Thema auf die richtige Erstellung eines Business Cases für den gesamten Lebenszyklus einer Software.
- Geschäftskritische Software – vor allem im Backend – hat in der Regel einen Lebenszyklus von 15 bis 20 Jahren. So bringen auch die großen Anbieter von ERP-Systemen alle 15 bis 20 Jahre einen Release heraus.

Während es für alle möglichen technischen Geräte ein TÜV-Gutachten gibt, existiert das im Bereich der Software bis heute nicht, obwohl hier eine extrem hohe technische Verantwortung für das Funktionieren von ganzen Branchen besteht. Das heißt gleichzeitig auch, dass alles, was in dieser Software erfolgt, zu 100 % nachvollziehbar und dokumentierbar sein müsste. Während die Autos im Fuhrpark mit den neuesten Plaketten ausgestattet sind, laufen im Unternehmen Softwareprozesse, die längst hoffnungslos veraltet sind. Weil dies einfach schon zu lange der Fall ist, existiert in den Unternehmen wenig Awareness wie auch Expertise für diese Problematik.

Jedem Entscheider ist vollkommen klar, dass ein hochsicheres, selbstfahrendes Auto nicht auf Basis eines VW-Käfers von 1956 gebaut werden kann. Dieses Verständnis existiert bei Softwarelösungen jedoch nicht.

4.1 Setup von komplexen Softwareprojekten

Die Basis jedes industrialisierten Softwareprojekts ist die initiale Aufwandsschätzung. Dafür müssen Ressourcen geplant, Kosten geschätzt und die Meilensteine bis zum Projektende festgelegt werden. Seit Beginn der Softwareentwicklung wurde die Programmierleistung von Software mit Metriken bewertet. Zum Einsatz kamen Personentage (PT), Lines of Code (LOC), Story Points (SP) oder Preis der Dienstleistung pro Programmierstunde (€). Alle diese Metriken lassen nur einen beschränkten Rückschluss auf die objektive Programmier-Performance oder den tatsächlichen Umfang von eingekaufter oder programmierter Software zu.

Die aktuellen Produktivitätsfaktoren sind meist subjektiv und speziell bei zugekauften Programmierleistungen lassen sich die Anbieter schwer vergleichen. Es bedarf einfacher und standardisierter Metriken zur Abschätzung der Entwicklungsperformance.

In den folgenden Abschnitten werden Möglichkeiten zur Abschätzung der richtigen Kosten bereits zu Beginn eines Softwareprojektes beschrieben.

4.1.1 Vergleichende Schätzungen

Vor allem die initiale Aufwandsschätzung bei agilen Softwareentwicklungsprojekten stellt die Managerinnen und Manager vor neue Herausforderungen. Die Praxis zeigt, dass bei einem Großteil der agilen Projekte zu Beginn der vollständige Projektumfang noch nicht abschließend definiert wurde. In diesen Situationen werden dann vergleichende Schätzungen durchgeführt: „Vermutlich hat dieses Projekt eine vergleichbare Größe wie Projekt XY und wird somit ca. 2 Million Euro kosten". Hierbei handelt es sich um eine einfache Schätzmethode, mit der ein grober Budgetrahmen festgelegt werden kann. In der nächsten Projektphase muss diese Abschätzung konkretisiert werden. Als Vorarbeit muss der tatsächliche fachliche, funktionale Projektumfang mit allen High-Level-Anwendungsfällen (= Epics) definiert werden. Nur so kann eine verlässliche Aufwandsschätzung durchgeführt werden.

Für die Aufwandsschätzung existieren unterschiedliche Methoden, diese können je nach Projektsituation ausgewählt und kombiniert werden. Für eine korrekte Aufwandsschätzung ist zu beachten, dass der Zahlenwert immer mit einer Ungenauigkeit (Varianz) angegeben wird. Die langjährige Schätzerfahrung hat gezeigt, dass Schätzungen selten nach unten hin abweichen. Der tatsächliche Umsetzungsaufwand liegt beim Großteil der Softwareprojekte signifikant über dem initial geschätzten Wert. Bei der Grobschätzung eines Projekts kann die Abweichung bis zu 40 % des geschätzten Wertes liegen. Die Korrektheit der Feinschätzung (Bottom-Up-Schätzung) eines Softwareprojekts sollte sich im 20-%-Korridor zum tatsächlichen Umsetzungsaufwand bewegen.

4.1.2 Expertenschätzungen

Je nach Komplexität, Priorität und Größe eines Projekts kommen unterschiedliche Methoden der Expertenschätzung zum Einsatz. Die einfachste Schätzmethodik ist die Schätzung durch einen außergewöhnlich erfahrenen Senior-Projektmanager. Aufgrund der zahlreichen absolvierten Softwareprojekte ist es diesem Experten mit geringem Aufwand möglich, den konkreten Aufwand für die unterschiedlichen Projektteilnehmer abzuschätzen. Je größer die Projekte werden, umso wichtiger werden multiple Expertenschätzungen, um unterschiedliche Perspektiven in das Schätzverfahren einzubringen.

4.1.3 Schätzungen des Entwicklerteams

Moderne Softwareentwicklungsteams tendieren zum Einsatz einfach nachvollziehbarer Bewertungen der technischen Umsetzungskomplexität der Anforderungen. Die Ergebnisse der Komplexitätsbewertung werden daher in Form von „Story Points", T-Shirt-Größen (S, M, L, XL, XXL) oder sonstigen Größengruppen (z. B. Großbauwerken, Superheldenstärken, …) dargestellt. Aufgrund von historischen Erfahrungswerten kann von dieser Komplexitätseinschätzung auf den tatsächlichen Umsetzungsaufwand geschlossen werden. Generell sollte auf komplexe mathematische Modelle zur Umrechnung auf den Aufwand verzichtet werden, da sie eine trügerische Sicherheit vermitteln. Denn ein einziger falsch eingeschätzter Faktor genügt, um auch diese Ergebnisse völlig zu verzerren.

Die kosteneffizienteste und objektivste Methode beruht auf der einfachen Umrechnung (z. B. 1 kann Story Point mit 2 Personentagen Aufwand umgesetzt werden). So kann von der Komplexität auf den Umsetzungsaufwand geschlossen werden.

4.2 Das monolithische Herz: Enterprise Resource Planning

Mit der Einführung von Enterprise Resource–Planning-Systemen (ERP) begannen die Unternehmen, sich eine Art monolithisches Softwareherz einzupflanzen,

in dem sämtliche Daten gespeichert sind, die sie für die Ausübung ihrer Tätigkeiten brauchten: Eingangsrechnungen, Ausgangsrechnungen, Lagerbestände,
Produktions- oder Logistikdaten. Alle End-to-End-Prozesse im Unternehmen werden damit abgedeckt. Parallel dazu wurden die Unternehmen mit der Einführung
dieser ERP-Systeme sehr stark standardisiert. Dies war erforderlich, da es eine
Vielzahl von Standardthemen gibt, die im Rahmen einer ERP-Migration im Unternehmen eingeführt werden müssen. Wenn das Unternehmen zum Beispiel ein
simples iPad kauft, braucht es dafür einen Bedarf – sprich Kostenstelle, ein
Angebot, eine Bestellung, eine Lieferung und eine Rechnung, die dann über
eine Bank an den Händler überwiesen wird, worauf der Betrag in Folge bei der
Quartalsabrechnung von der Steuer abgeschrieben wird.

Ein Enterprise-Ressource-Planning-System dient dem Verwalten und Planen
der Ressourcen in einem Unternehmen. Zu diesen Ressourcen zählen das Kapital,
das Personal, Wissen, Material, Anlagen, Betriebsmittel und noch vieles mehr
(vgl. Abb. 4.1).

Vor Einführung dieser ERP-Systeme wurden diese Teilprozesse noch von Hand
und oft sehr hemdsärmelig durchgeführt. Es kam zu Fehlbestellungen, Lieferungen wurden angenommen, die gar nicht bestellt waren, Rechnungen wurden

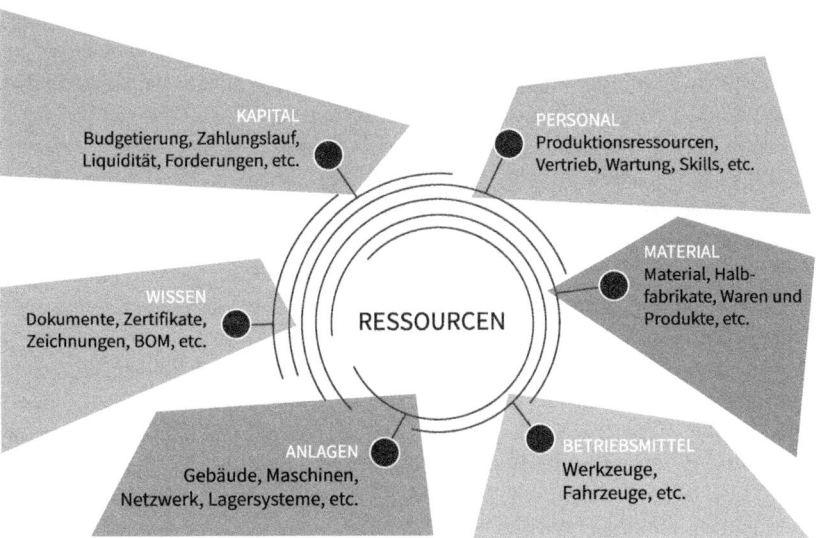

Abb. 4.1 Verwaltete Ressourcen eines Enterprise-Ressource-Planning-Systems (ERP)

übersehen oder verloren. Mittlerweile wurden die Unternehmen durch die präzisen Vorgaben des Systems so weit konditioniert, dass die Prozesse weitgehend korrekt ablaufen – und umso besser, je höher der Grad der Digitalisierung ist. Dennoch fehlen zwei weitere wichtige Schritte auf dem Weg zum selbstfahrenden Unternehmen 2035. Wenn nun alle Teilprozesse weitgehend standardisiert und digitalisiert sind, liegt bereits eine Echtzeit-Buchführung vor. Mit so einer Buchführung kann der aktuelle finanzielle Status des Unternehmens jederzeit auf Knopfdruck abgerufen werden. Es wäre somit nicht mehr erforderlich, einen mühsamen Jahresabschluss zu erstellen, sondern es könnten ganz einfach und zu jedem Zeitpunkt auch die Ergebnisse der letzten 12 Monate ermittelt und verglichen werden. Noch sind jedoch die Softwarefirmen wie SAP, Oracle oder Microsoft noch nicht soweit, selbst das neue S/4Hana von SAP ist dazu noch nicht in der Lage.

Warum ist das noch nicht möglich? Die Softwarefirmen gehen an das Problem zu technokratisch heran, während die Unternehmer das bisherige Prozedere gewohnt sind, nicht hinterfragen und daher diese weitere, entscheidende Veränderung nicht vorantreiben. Die Unternehmer glauben, mit einem Blick auf die Quartalszahlen und den aktuellen Kontostand eine gute intuitive Einschätzung der Lage zu erhalten, um auf dieser Grundlage ihre Entscheidung zu treffen. Kommt es aufgrund dieser Entscheidungen zu ungünstigen Entwicklungen, wird dafür immer ein anderer Grund gefunden, der außerhalb der eigenen Verantwortung liegt: Der Markt entwickelt sich schlecht (ohne konkrete Daten zu haben), die Kunden sind wegen der Konkurrenz verunsichert, die Produkte haben qualitative Probleme oder es werden saisonale Effekte vermutet.

Damit bleiben mögliche selbst verursachte Fehler, z. B. bei der Einschätzung der Liquidität, unentdeckt – auch, wenn die Forschung im Bereich der Verhaltensökonomie längst gezeigt hat, wie vielfältig die Fehler sind, die Menschen bei solchen Einschätzungen machen. Angesichts von offenen Ausgangsrechnungen mit unbestimmtem Eingang, Sprungstellen aufgrund von Sozialversicherungs- und Einkommensteuernachzahlungen und unzähliger kleiner Lieferantenverbindlichkeiten ist dies gut nachvollziehbar.

Rein theoretisch sind diese ganzen Teilprozesse mit der Entscheidung, einen bestimmten Händler zu beauftragen bereits jetzt vordefiniert: Lieferung, Rechnung, Zahlung, steuerliche Geltendmachung. Schon bei der Erfassung des Auftrages weiß das System zum Beispiel, ob und wieweit dieses Gut abschreibbar ist. Damit liegt die ganze Prozesskette bereits in diesem Moment gebündelt vor. Dies gilt auch für sämtliche anderen Entscheidungen im Gesamtsystem, wodurch im Sekundenintervall die Gesamtsituation angepasst wird oder auf Wunsch abrufbar ist.

In Zukunft wird die Ermittlung dieses Gesamtergebnisses daher eher einem Aktienkurs gleichen als einem Jahresbericht. Das aktuelle EBIT wird in Echtzeit ersichtlich sein, auf Knopfdruck wird es 2035 möglich sein, aufgrund der bisherigen Performance einen Forecast in einem beliebigen Zeitfenster zu erhalten. Wenn also das iPad gekauft wird, weiß das Unternehmen in Echtzeit, in welcher Weise, die dadurch ausgelöste steuerliche Abschreibung wirksam wird und kann daher eine präzise Prognose erstellen.

Schon heute sind im Grunde all diese Daten im System gegeben, sie wurden bis dato nur nicht verknüpft. Dies wird die Herausforderungen der nächsten Jahre sein, um die Entwicklung hin zum selbstfahrenden Unternehmen voranzutreiben. SAP S/4Hana wird selbst bis 2027 dazu nicht in der Lage sein, voraussichtlich erst mit der nächsten Version.

Auch, dass ein Quereinsteiger auf den Markt kommt, der diese Gesamtlösung anbietet, ist höchst unwahrscheinlich. Das wäre so, als wenn ein Anbieter auf den Markt käme, der vorschlägt alle Straßen statt Asphalt mit einem völlig neuen Belag zu versehen – also eine bestehende, weltweit verbreitete Infrastruktur in wenigen Jahren vollständig zu verändern. Ebenso sind die bestehende ERP-Infrastrukturen von SAP, Oracle, Microsoft und Sage über Jahrzehnte etabliert und ein fester, nur schwer veränderlicher Bestandteil der meisten Unternehmen.

Wenn wir nun davon ausgehen, dass wir in Echtzeit über sämtliche Daten verfügen – Einkauf, Lager, Lieferantenrechnung, Personalkosten, anteilige Fixkosten, künftige steuerliche und sozialversicherungsrechtliche Effekte etc. – und ebenso schnell eine Prognose erstellen können, liegt eine Grundlage vor, um sämtliche operative, aber auch taktische Entscheidungen vollautomatisiert zu treffen und durch Maschinen ausführen zu können.

Wenn der Fahrzeughersteller mit dem Stahlwerk einen Vertrag abschließt, um 1,2 Mio. Fahrzeuge im Folgejahr produzieren zu können, können wiederum im Stahlwerk alle daraus resultierenden operativen und taktischen Entscheidungen getroffen werden, um diese Menge an Stahlblech-Coils in der gewünschten Qualität herstellen und termingerecht ausliefern zu können.

Ein wichtiger Entwicklungsbereich von ERP-Systemen oder vorgeschalteten Expertensystemen wird die strategische und taktische Unterstützung von Managemententscheidungen sein. Während viele operative Entscheidungen bereits in hohem Maße automatisiert sind, werden die taktischen Entscheidungen heute noch von Menschen im mittleren Management getroffen. Hier passieren immer wieder Fehler, oft weil die Entscheidungen nicht exakt mit der Strategie abgestimmt sind, oder diese Strategie auf unzureichenden oder falsch interpretierten Daten beruht. Die Strategien sind daher heute noch zu wenig datengetrieben. Wenn das Dienstleistungsunternehmen zum Beispiel merkt, dass es eine zu geringe Marge hat, versucht es den Preis zu erhöhen, ohne aber exakt berechnen zu können, welche Auswirkungen dadurch auf die Nachfrage entstehen.

In Zukunft werden die für die Strategie erforderlichen Simulationen in nie da gewesener Qualität und zu jedem gewünschten Zeitpunkt möglich sein. So können zum Beispiel präzise Simulationen der Szenarien erstellt werden, die durch eine Preiserhöhung aufgrund sämtlicher dadurch ausgelöster Effekte auftreten werden. Während also in diesem Bereich noch überwiegend analog gearbeitet wird, in Meetings mit kontroversen, emotionalen Diskussionen und Flip Charts, werden strategische Entscheidungen in Zukunft immer mehr datengestützt erfolgen.

Bis in die frühen 2000er Jahre wurden auf dieser Grundlage noch einigermaßen zuverlässige 3- bis 5-Jahrespläne erstellt. Seither hat die Veränderungsgeschwindigkeit der Rahmenbedingungen enorm zugenommen. Die Aufbereitung der zugrunde liegenden Daten hat mit dieser Geschwindigkeit nicht mithalten können. Daher wurde es in den letzten Jahren für viele Unternehmen immer schwieriger, Strategien für dieses Zeitfenster zu entwickeln. So wurden Strategien immer kurzfristiger, aber auch immer kurzsichtiger nach dem Motto: „Loch auf, Loch zu". Mit dem Fokus auf diese hektischen kurzfristigen Entscheidungen ging jedoch der unerlässliche langfristige Weitblick verloren. So erkannten und erkennen viele Unternehmen bis heute nicht, dass ihre Softwarestrukturen und Teilsysteme hoffnungslos veraltet und nicht zukunftstauglich sind. Erst der Blick auf die Jahre 2030 und darüber hinaus ermöglicht ein sinnvolles strategisches Planen. Deshalb auch die Vision vom selbstfahrenden Unternehmen.

4.3 Der Kunde ist König: Customer Relationship Management (CRM)

Kundenbeziehungssysteme (Customer Relationship Management, CRM) sind einer der wichtigsten technologischen Bestandteile des selbstfahrenden Unternehmens. Diese Systeme beinhalten alle Informationen über potenzielle Interessenten, tatsächliche Interessenten, aktive und ehemalige Kunden. Zusätzlich bündeln diese Systeme die Sicht auf den Markt und die Kundengruppen.

Die zukünftigen Systeme werden nur in der Basis mit den heutigen Systemen übereinstimmen. Der Funktionsumfang wird sich jedoch um ein Vielfaches vergrößern. Außerdem wird der Datenhunger dieser Systeme massiv ansteigen. Haben wir bisher nur die wichtigsten Unternehmens- und Ansprechpartnerstammdaten, die Kommunikation, Verkaufs-Gespräche (Verkauf-Leads) und Verkaufschancen darin abgespeichert, so werden in Zukunft Informationen über Marktgruppen, Markttrends, potenzielle Kunden und alle verfügbaren Informationen darüber im CRM gespeichert.

Ein CRM-System besteht aus drei Bestandteilen: Erstens wird die Marktsicht darin abgebildet. Alle Aktivitäten rund um das klassische und auch das zukünftige Marketing werden mit diesem Teil des Systems durchgeführt werden können. Der zweite Teil beschäftigt sich mit dem klassischen Vertriebsprozess und reicht von der ersten Kontaktaufnahme bis zum Vertragsabschluss. Im dritten Teil beschäftigen sich diese Systeme mit bereits bestehen Kunden und deren weiteren Kaufwünschen, deren Reklamationen und Service-Anfragen. Somit decken diese Systeme den kompletten Lebenszyklus eines Kunden im Unternehmen ab.

Die Hersteller der führenden Systeme bereiten sich bereits heute auf die Stufe nach der Automatisierung vor. So werden bereits heute erste Ansätze für KI-Algorithmen eingebaut. Bis jedoch sämtliche Funktionen, die man für das selbstfahrende Unternehmen benötigt, umgesetzt sind, wird es vermutlich noch bis nach 2027 dauern. Die führenden Hersteller von CRM-Systemen sind heutzutage Salesforce, Microsoft, Hubspot und eine Vielzahl an einzelnen Herstellern von Spezial- und Branchenlösungen.

Wenn man sich nun den dem Markt zugewandten Teil eines CRM-Systems ansieht, so merkt man, dass noch grundlegende Funktionalität umgesetzt werden muss. Wichtig für die richtige Penetration des Marktes ist es, dass dem verantwortlichen Fachbereich sämtliche Informationen über potenzielle Zielgruppen zur Verfügung gestellt werden. Er möchte auswählen, welche Zielgruppe er adressieren möchte. Natürlich wird dieser Auswahlprozess auch in Zukunft eine menschliche Aufgabe sein und und Menschen werden auch den Inhalt und das Ziel ihrer Kommunikation auswählen. Die konkrete Ausgestaltung, Grafiken und weiterführende Quellen wird dann das Softwaresystem hinzufügen. Zusätzlich werden wir das CRM-System aus den zur Verfügung stehenden Marketing-Kanälen, den richtigen für die richtigen Personen, auswählen. So wird das System selbstständig erkennen, ob ein potenzieller Kunde besser über ein Video auf Netflix oder doch über eine Werbeanzeigenschaltung in seinem favorisierten Wissenschaftsonlinemagazin erreichbar ist. Dynamisch entscheidet das System, welche Kanäle verwendet werden. Sind die Systeme von Google Analytics, LinkedIn, Xing, Facebook und die vielen weiteren Kanäle heute noch nicht direkt mit einem CRM-System integriert, so werden diese Integrationsarbeiten bis 2025 voraussichtlich abgeschlossen sein. Diese neuen Kanäle zu den Kunden kann man mit dem Aufkommen von E-Mails um die Jahrtausendwende vergleichen. Sie werden für die nächsten fünf bis zehn Jahre eine der wichtigsten

Lead-Generation-Methoden darstellen. Danach wird das Spam-Aufkommen ähnliche Dimensionen erreichen und Vertriebsansprachen über dieses Medium werden nicht mehr möglich sein.

Zusätzlich wird ein CRM-System den Unternehmen mehr Möglichkeiten zur Verfügung stellen, wie Informationen an potenzielle Kundengruppen gesendet werden können. Heute setzen wir dafür statische Newsletter-Systeme ein, doch in wenigen Jahren wird sich auch diese Technologie massiv weiterentwickeln. Man wird wegkommen von dem fest programmierten Zeitpunkt, um flache Informationstexte an alle Adressaten per E-Mail zu senden. In Zukunft wird man individuelle Informationen einem potenziellen Interessenten über unterschiedlichste Kanäle zukommen lassen. Der Zeitpunkt des Versendens wird pro Kanal unterschiedlich sein und sich an der Wahrscheinlichkeit orientieren, dass diese Informationen auch tatsächlich gelesen und verarbeitet werden. Zeitpunkt, Inhalt, Medium und Kommunikationskanal werden unterschiedlich nach der Verkaufswahrscheinlichkeit ausgewählt und die Informationen treffsicher überstellt.

Dabei werden wieder alle relevanten Daten über Ansichtsverhalten, Nutzungsverhalten und Kaufverhalten zurück ins CRM gespielt. Die Unternehmen erhalten durch diese Methoden immer bessere Einblicke in die Zielgruppen und Kundengruppen. Der Unterschied zu heute ist, dass diese Einblicke nicht auf Gruppen-Ebene gespeichert werden, sondern individuell pro Person. Diese gesammelten Daten können wiederum für den gesamten Vertriebsprozess und über den gesamten Lebenszyklus eines Kunden eingesetzt werden.

4.4   Automatisierung durch Softwareroboter

Robotic Process Automation (RPA) – also Softwareroboter – sind ein Thema, dem zunehmend Beachtung geschenkt wird. Prozess- und Verfahrensautomatisierung begleiten Unternehmen und Organisationen auf dem Weg zur Digitalisierung und steigern durch effizientere und schnellere Prozessabläufe die Konkurrenzfähigkeit am Markt. Oft stehen Mitarbeitende und Bedienstete dem Thema jedoch mit Skepsis gegenüber, beispielsweise aufgrund von Angst vor Verlust des Arbeitsplatzes. Damit wird die Einführung dieser Technologie in den Unternehmen erschwert. Insgesamt handelt es sich auf dem Weg zum selbstfahrenden Unternehmen zum Teil um eine Art Übergangstechnologie, die so lange erforderlich ist, bis die damit angebundene alte Software durch neue, vollständig autonome Systeme ersetzt wird. Vor allem für größere und über Jahrzehnte gewachsene Unternehmen ist daher die RPA in den nächsten Jahren besonders wichtig.

Softwareroboter sind Anwendungen, die eine menschliche Interaktion mit Benutzerschnittstellen von Softwaresystemen nachahmen und Funktionen somit eigenständig ausführen. Die Robotic-Process-Automation-(RPA-)Technologie ist das am stärksten wachsende Segment am globalen Softwaremarkt. Die größten Anwender von RPA sind nach wie vor Banken, Versicherungen sowie Telekommunikationsunternehmen, da hier oftmals Altsysteme, so genannte „Legacy Systems", im Einsatz sind, deren Ablöse mit enormem Aufwand und hohen Kosten verbunden ist. RPA nimmt in solchen Fällen eine wichtige Schnittstellenfunktion ein, um beispielsweise Daten aus diesen Legacy-Systemen in neue Systeme zu übertragen. RPA stellt eine Brückentechnologie dar, welche die Vorteile der Digitalisierung frühzeitig bereitstellt und mittelfristig die Ablöse veralteter Systeme finanziell unterstützt. Auch große Softwareunternehmen wie IBM oder SAP haben das Potenzial erkannt, das RPA mit sich bringt. Sie haben damit begonnen, Partnerschaften mit RPA-Anbietern abzuschließen beziehungsweise diese aufzukaufen, um deren Services in ihre Lösungen zu integrieren. Diese Tatsache trägt zu einer weiteren Steigerung des Bewusstseins und der Akzeptanz für RPA am Markt bei.

Der Einsatz von RPA bringt für ein Unternehmen oder eine Organisation erhebliche Vorteile. Um ein RPA-Tool in ein Unternehmen oder einer Organisation zu integrieren, muss die bestehende Systemlandschaft nicht verändert werden. Die RPA-Software besteht neben den bereits existierenden Systemen und interagiert mit diesen – daher die Eignung der RPA als Übergangslösung bei großen Softwareablöseprojekten, da es die Technologie ermöglicht, Daten zwischen zwei oder mehreren Systemen zu übertragen, ohne eine komplizierte Schnittstelle dafür implementieren zu müssen. Da die Installation von RPA-Tools meist zügig verläuft und mit der Automatisierung von Prozessen rasch begonnen werden kann, kann häufig ein schneller Return on Investment erzielt werden. Abhängig von der Komplexität des Prozesses und dem Know-how beziehungsweise den Fähigkeiten der automatisierenden Person beträgt die Dauer der Automatisierung von simplen Prozessen inklusive Testing nur wenige Wochen.

Arbeitnehmer können durch die Automatisierung repetitiver und langwieriger Prozesse entlastet werden und sich anspruchsvolleren Aufgaben widmen, wie beispielsweise der Verbesserung des Kundenerlebnisses. Das Stichwort ist Qualitätssteigerung: Diese wird erzielt, indem beispielsweise die Anzahl der durch Menschen verursachten fehlerhaften Eingaben reduziert wird und somit ein geringeres operatives Risiko besteht. Außerdem können automatisierte Prozesse öfter und auch über Nacht bzw. über das Wochenende ausgeführt werden. So könnte der Roboter jede Nacht einen aufwendigen Report vorbereiten, der zur Risikominimierung dient – wohingegen sich ein Mitarbeiter aus Zeitmangel nur einmal pro Woche mit dem Thema auseinandersetzen kann. Einen weiteren Vorteil bringt die Optimierung bestehender Prozesse, welche mit dem Einsatz von RPA einhergeht. Die zu automatisierenden Prozesse werden vor der Automatisierungsphase einer gründlichen Analyse und Dokumentation unterzogen. Die Chance, dass hier Optimierungspotenziale aufgedeckt werden, ist hoch, da eine intensive Auseinandersetzung mit Prozessen erfolgt, die vielleicht schon viele Jahre nicht mehr hinterfragt wurden. Je effizienter ein Prozess in der Dokumentationsphase gestaltet wird, umso schneller und effizienter wird auch die automatisierte Funktion laufen.

Die wichtigsten Eignungskriterien für automatisierbare Prozesse beruhen darauf, dass diese regelbasiert und standardisiert sind. Mittels RPA-Tools können die meisten Arbeitsschritte, die von Mitarbeitenden noch aufwendig am Laptop oder PC ausgeführt werden, automatisiert werden. Beispiele für automatisierbare Tätigkeiten sind Mausklicks, Copy&Paste-Tätigkeiten, Befüllen von Feldern, Vergleichen von Werten oder Tabellen oder Durchsuchen von Texten nach bestimmten Werten. Es gibt Prozesse, welche sich besser für eine Automatisierung eignen als andere. Für die Automatisierung geeignete Prozesse basieren auf festgelegten Regeln und sind somit wiederholbar. Sie folgen einer definierten Struktur und beinhalten verhältnismäßig wenige Ausnahmefälle. Für eine Automatisierung ungeeignet sind Prozesse, welche auf menschlichen Entscheidungen aufbauen und sämtliche Ausprägungen, Verzweigungen und Ausnahmefälle aufweisen. Ebenso ungeeignet sind Prozesse, in welchen der Kontakt zu Menschen generell eine Rolle spielt, da Softwareroboter nicht wie Künstliche Intelligenzen flexibel auf Input reagieren können und lediglich strikt dem designten automatisierten Prozessablauf folgen.

Darüber hinaus ziehen Kunden und Kundinnen meist den Kontakt mit richtigen Menschen anstelle von Robotern vor. Zudem muss vor einer Automatisierung stets die Frage gestellt werden, ob der Prozess nicht anderwärtig optimierbar oder automatisierbar ist. So könnten beispielsweise Prozesse, die sehr excelbasiert sind, auch mit dem Einsatz von Makros umgesetzt werden. Automatisierbare Prozesse lassen sich üblicherweise in allen Fachbereichen oder Abteilungen eines Unternehmens oder einer Organisation finden. Ein Beispiel für einen Anwendungsfall in der IT wäre das Setup eines neuen Users, im Finance- und Controlling-Bereich kann die Aufbereitung von Reports beispielsweise aus SAP-Tabellen automatisiert werden. Das Update von Personaldaten oder die Verarbeitung von Urlaubsanträgen sind z. B. Anwendungsfälle aus dem HR-Bereich.

Die enge Zusammenarbeit von Business und IT ist im Bereich RPA unumgänglich. Meist liefern die Organisationseinheiten und Fachbereiche die Prozesse, dokumentieren diese und übergeben die Dokumentationen mitsamt geeigneter

Testdaten an die IT für die Umsetzung und das Testing des automatisierten Prozesses. Je nach RPA-Governance-Modell ist es auch möglich, dass die IT eine RPA-Plattform bereitstellt und Organisationseinheiten selbst die Automatisierungen vornehmen. Üblicherweise finden die Automatisierungen jedoch zentralisiert in einer Abteilung (meist IT) statt, um einen Wildwuchs von automatisierten Prozessen in der Organisation zu vermeiden. Zudem muss der Prozess nach der Automatisierung regelmäßig gewartet und angepasst werden, sollten Änderungen im Prozessablauf auftreten. Die Aufsetzung eines geeigneten Kommunikationskanals zwischen Organisationseinheiten und IT ist hier von großer Bedeutung, um die Qualität der automatisierten Prozesse aufrechtzuerhalten und Fehler frühzeitig zu vermeiden.

Wie die Ausführungen gezeigt haben, beruht die RPA noch auf den „alten" linearen End-to-End-Prozessen, die jedoch langfristig von autonomen Softwarealgorithmen und Künstlicher Intelligenz ersetzt werden. Dennoch sind sie in der Übergangsphase oft unumgänglich. Ein wichtiger Vorteil ist auch, dass sie eine gute Basis für die Analyse der bestehenden Struktur darstellen und viele Schwachstellen aufzeigen.

4.5 Architektur für Software im Unternehmen

So wie man ein Haus aus Ziegeln, Beton und Mörtel erstellt, so wird das selbstfahrende Unternehmen aus einzelnen Softwarelösungen, Netzwerkverbindungen und Datentöpfen aufgebaut werden. Um bei der Analogie des Hausbaues zu bleiben, kann man auch hier den Begriff der Architektur als konstruierendes und planerisches Element verwenden. Beim selbstfahrenden Unternehmen bezieht sich dieser Begriff auf die Unternehmenssoftwarearchitektur (im englischen Enterprise Architecture). Es beschreibt das Zusammenspiel aller IT- und Softwarelösungen in einem Unternehmen. Aus historisch gewachsenen Strukturen muss eine gut geplante unternehmensweite Architektur geschaffen werden. Dabei spielen die Integration dieser Softwarelösungen, die Datenübermittlung und die -speicherung eine zentrale Rolle. Wieder erfüllt die Architektur keinen Selbstzweck, sondern muss auf die Bedürfnisse des Unternehmens wie auch der Märkte abgestimmt werden. Für das Erreichen des höchsten Levels eines selbstfahrenden Unternehmen bedarf es einer ausgeklügelten architektonischen Planung aller vorhandenen und zukünftigen IT- und Softwarelösungen.

Unternehmenssoftwarearchitektur bildet die Klammer über sämtliche Bereiche des selbstfahrenden Unternehmens. Ein wichtiger Bestandteil dabei ist die

Omni-Channel-Architektur. Dies bedeutet, dass die Kundschaft mit ihren vielfältigen Anliegen über beliebige Kanäle an das Unternehmen herantreten kann
und auf die gleiche Art und Weise hochqualitativ zufrieden gestellt wird. Dieser
Umstand erzeugt heutzutage bei sehr vielen Unternehmen große Probleme. So
muss es möglich sein, ein Bankkonto z. B. direkt über WhatsApp zu eröffnen
und dort alle benötigten Informationen zu erhalten und dabei im Gegenzug alle
Informationen dieser Person in der Bank gespeichert zu haben. Oft handelt es
sich bei Kundensoftwaresystemen nur um Insellösungen, die zwar von Kunden
und Kundinnen sehr gut angenommen und verwendet werden, aber nicht in einer
Gesamtarchitektur im Unternehmen integriert sind.

Die Herausforderung für alle Systeme, die mit Menschen und vor allem Kunden und Kundinnen interagieren, ist, dass deren Lebensdauer auf circa drei bis
fünf Jahre beschränkt ist. Das beste Beispiel sind klassische Websites. Hier ändert
sich der Anspruch an Design und Usability so häufig, dass sie alle paar Jahre
aktualisiert und neu programmiert werden müssen. Auch bei mobilen Anwendungen und Kundenportalen schreitet der technologische Fortschritt so rasch voran,
dass man alle paar Jahre über eine vollständige Überarbeitung nachdenken muss.

Kombiniert man diese Tatsache nun mit den klassischen Lebenszyklen von
15 bis 25 Jahren der zentralen Softwaresysteme, sieht man eine Welt bestehend
aus Systemen mit zwei Geschwindigkeiten. Dieses Faktum führt zu speziellen
Herausforderungen in der Softwarearchitektur. Zentrale Unternehmensfunktiona-
litäten der Softwaresysteme müssen als standardisierte Services langfristig zur
Verfügung gestellt werden. Auf die Kundschaft ausgerichtete Softwareanwendungen integrieren diese Services und bauen somit auf den Daten und Funktionen
der Backend-Systeme auf. Diese Serviceschicht dient als Kupplung zwischen den
sich mit unterschiedlichen Geschwindigkeiten entwickelnden Schichten.

Ein weiterer Trend in der Softwarearchitektur ist die Verwendung von standardisierten Softwarecontainern. Hier hat sich die Softwareentwicklung Anleihe
an der modernen Schifffahrt mit ihren standardisierten Containern genommen.
Vorteil davon ist, dass diese standardisierten Container überall mit minimalem
Einsatz „verladen" werden können. Bei Software bedeutet das, die Software wird
in einem Container installiert und dieser Container wird auf einem Server betrieben. Der Server ist also unser Containerschiff und die Software der Ladeinhalt
eines standardisierten Containers. Ähnlich wie im Schiffsverkehr ist auch eine
Verschiebung von aktiver Software von einem Server auf den anderen somit kin-
derleicht möglich. Vor allem beim Einsatz von cloudbasierten Service-Leistungen
ist der Einsatz von Softwarecontainern bereits Standard.

Als Basis für sämtliche Unternehmensfunktionen dienen die großen Kern-
geschäftsanwendungen. In zahlreichen großen Unternehmen sind dies weiterhin

monolithische, veraltete Softwareapplikationen. Nicht selten sind sie 30 und mehr Jahre alt und rund um diese Anwendungen haben sich zahlreiche Hilfssoftware-lösungen und andere technische Krücken für die reibungslose Verwendung der Funktionen und Daten entwickelt. Speziell für diese Bereiche ist eine gut und langfristig geplante Unternehmenssoftwarearchitektur von großer Bedeutung.

Auch, wenn aus meiner praktischen Erfahrung teils sehr wichtige Softwaran-wendungen weitaus länger als 40 Jahre im reibungslosen Betrieb sind, so muss sich das Unternehmen doch die Frage gefallen lassen, ob es ein selbstfahrendes Unternehmen auf diesen veralteten und verkrusteten Strukturen aufbauen möchte. Tatsächlich wird es so auch nicht funktionieren. Die große Herausforderung in diesem Bereich stellt sich im Finden von Kombinationen aus Standardsoftwaran-wendungen – wie zum Beispiel ERP-Systemen – und von individual entwickelten Sonderlösungen, die einem Unternehmen das essenzielle Alleinstellungsmerkmal verschaffen. Das Fundament eines selbstfahrenden Unternehmens bilden mit an Sicherheit grenzender Wahrscheinlichkeit Standardsoftwarelösungen. Das Allein-stellungsmerkmal kann nur durch besondere Integration oder durch einzigartige individuelle Softwarelösungen erreicht werden.

Essenziell für das Erreichen eines selbstfahrenden Unternehmens ist auch das konzernweite Kennen aller vorhandenen Datentöpfe. Alle verfügbaren Daten müs-sen bekannt sein und für alle einzelnen Systeme zugänglich sein. Die Verarbeitung von Daten fußt auf dieser einfachen Regelung: Jedes Datenobjekt, das von einem Unternehmen verwaltet wird, muss durch die anderen Softwarelösungen erstellt, gelesen, bearbeitet, gesucht und gelöscht werden können. Hier spricht man auch von dem CRUDS-Prinzip – Create, Read, Update, Delete, Search.

Zusätzlich müssen Datensenken etabliert werden, um mittels Analyse-Tools rasch einen Überblick über alle vorhandenen Daten gewinnen zu können. Außer-dem basieren lernende Algorithmen auf der optimierten Verwendung von histo-rischen Daten. Somit muss für alle Daten, die vom System verarbeitbar sind, ein semantisches Meta-Modell für das Verständnis dieser Daten existieren. Ein Großteil der ausschlaggebenden Entwicklung wird in den nächsten zehn Jahren in diesem Bereich stattfinden. Basierend auf unserer Erfahrung haben die großen Unternehmen in diesem Bereich den größten Aufholbedarf.

Die Praxis zeigt, dass Unternehmenssoftwarearchitektur keine akademische Übung sein darf. Hingegen muss man pragmatisch den IST-Stand mit dem gewünschten Ziel vergleichen und einen langfristigen Plan für eine nachhal-tige Entwicklung ausarbeiten. Auch hier gilt es wieder, einen 15-Jahres-Plan zu verfolgen. Das größte Missverständnis in dieser Disziplin herrscht über den Zeit-raum der Planung, die sehr häufig nur über eine 3- bis 5-Jahres-Periode gesehen wird. Der Schlüssel zum Erfolg liegt jedoch im Betrachtungszeitraum von 10 bis 20 Jahren. Zusätzlich müssen die begleitenden Dimensionen wie der Betrieb und die Entwicklung von Software betrachtet werden. Zentrales Element von Softwarearchitektur ist die Betrachtung des gesamten Lebenszyklus aller Anwendungen und deren Zusammenspiel. Wie die Ausführungen dieses Kapitels zeigen, muss man bereits heute mit einer gut geplanten Unternehmenssoftwarearchitektur starten, um alle Potenziale bis 2035 dann erfolgreich für die Etablierung des selbstfahrenden Unternehmens zu nutzen.

Spannungsfelder in analogen Unternehmen

5

In diesem Kapitel erfolgt die Darstellung der derzeitig gültigen „Unternehmenslehre", die sich über Jahrzehnte weiterentwickelt, aber im Kern nicht grundsätzlich verändert hat, da in fast allen Unternehmen bis dato nur eine Teildigitalisierung stattgefunden hat, die auf den alten, „analogen" Strukturen beruht.

Die Struktur der weiteren Ausführungen ist angelehnt an die wichtigsten unternehmerischen Prozessgruppen, die eine weit verbreitete Herangehensweise bei der Strukturierung der Prozesse in den Unternehmen repräsentieren. Bis heute erfolgt daher die Digitalisierung auf Grundlage der traditionellen analogen End-to-End-Prozesse, anstatt umgekehrt die Digitalisierung von den erheblich weitreichenderen Möglichkeiten der Künstlichen Intelligenz an zu denken (vgl. Abb. 5.1).

Zunächst werden die Problemfelder beschrieben und mit Beispielen illustriert. Auf Grundlage dieses Verständnisses werden die gewaltigen Potenziale beschrieben, die in den Unternehmen entfaltet werden können, wenn sie beherzt sind, den Weg zum selbstfahrenden Unternehmen zu gehen.

In diesem Zusammenhang wird auch aufgezeigt, wie die prozessorientierten Ablauf- und Aufbauorganisationsstrukturen bald Geschichte sein werden, wenn vollvernetze und in Echtzeit kommunizierende Algorithmen 80 % aller Funktionen übernehmen und mit operativen und taktischen Entscheidungen auf Basis sämtlicher Statusinformationen eine völlig neue Generation der Performance begründen.

Damit wird auch aufgezeigt, wie die starren Grenzen der Abteilungen das Denken der Menschen begrenzen und mit einem isolierten Kästchen-Denken, im täglichen Hetzen um den eigenen Vorteil die Erreichung des Gesamtoptimums behindern. Es wird skizziert, wie der neue Gesamtorganismus die Überwindung

F. Schnitzhofer, *Das selbstfahrende Unternehmen*,
https://doi.org/10.1007/978-3-662-63067-9_5

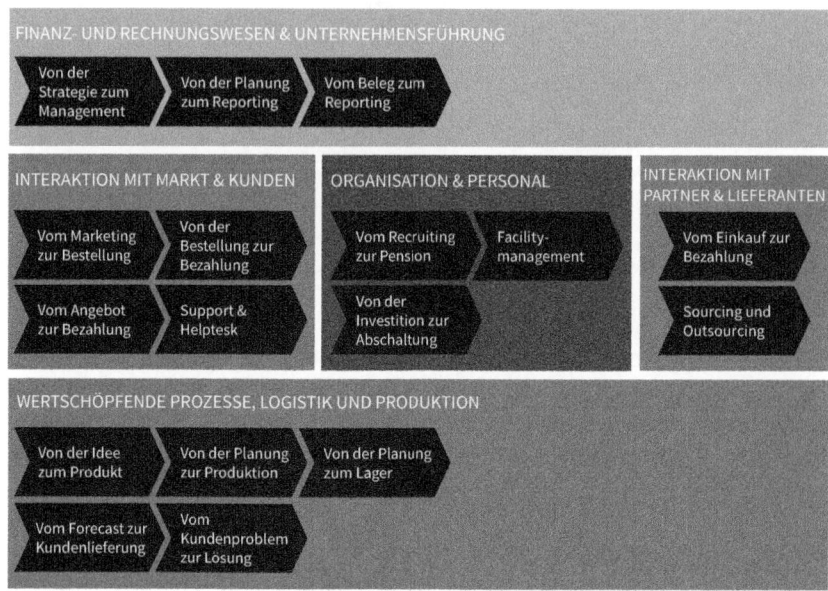

Abb. 5.1 Klassische End-To-End-Geschäftsprozesse im analogen und digitalen Unternehmen

dieses eingeschränkten Denkens zur Folge hat – und mit den völlig neuen Möglichkeiten durch die Entlastung von Routinen wird auch eine neue ganzheitliche Sicht auf das Unternehmen zum Durchbruch kommen.

Diese Entwicklung ist vergleichbar mit dem Automobil, das seit einem Jahrhundert rund um den Motor gedacht und gebaut wird. An diesem Herzstück und seinen hunderten Komponenten wurde jahrzehntelang entwickelt und geforscht – wie bis heute an den Kernprozessen der Unternehmen getüftelt wird, um ein paar Prozent mehr Effizienz zu erzielen – statt die viel höheren brachliegenden Potenziale in allen anderen Bereichen zu sehen.

In der Zukunft des Autos genügt eine im Grunde simple Batterie und ein ebenso einfacher Elektromotor. Das wird auch das Denken der Automobilkonzerne radikal verändern. Sie werden sich nicht mehr dem Motor, der Leistung, dem Drehmoment, dem Verbrauch und den Abgasen widmen, sondern den mitfahrenden Personen, ihrem Komfort und ihrer Sicherheit. Im Zentrum der Entwicklung steht die Software für das autonome Fahren. Diese wird alles im Auto steuern und noch ausreichend Kapazität haben, um die Windschutzscheibe zum zentralen Unterhaltungsbildschirm zu machen. Darauf aufbauend wird sich bis 2035 eine neue Unterhaltungsindustrie herausbilden. Sie nutzt die freiwerdende Aufmerksamkeit der fahrenden Personen, um ihnen kostenpflichtige Unterhaltungsangebote anzubieten oder werbungsfinanzierte Zeitvertreiber zur Verfügung zu stellen.

5.1   Das klassische Unternehmen

Die meisten Unternehmen funktionieren bis heute immer noch überwiegend analog, auch wenn sie über vielfältige digitale Werkzeuge verfügen: ERP-Systeme, E-Mail, Intranet und Websites oder Webshops. Die meisten Prozesse sind jedoch nur zum Teil digital, die Entscheidungen werden noch weitaus überwiegend von Menschen getroffen – und die Informationen dafür auch per Hand aufbereitet, wenn auch mit Hilfe von Excel-Tools.

Die traditionellen Prozesse beruhen auf einer linearen Abfolge von Schritten. Es gibt einen Startzustand, Ereignisse, die etwas transformieren bzw. verarbeiten, um am Ende einen Ergebniszustand zu erreichen. Der Ablauf wird bis heute immer noch zum großen Teil von Menschen gesteuert: Die Teile werden mit dem Stapler aus dem Lager gefahren, das Werkzeug aus dem Magazin geholt, mit Hilfe von Maschinen verarbeitet und zusammengebaut, verpackt und für den Versand vorbereitet – und die ERP-Software unterstützt lediglich diese Prozesse oder Teile davon. Über die gesamte Prozesskette kommt es nur zu punktuellen Interaktionen zwischen Menschen und Maschine bzw. Mensch und Software.

Die Verbesserungen bestehen seit Jahrzehnten darin, diese Prozesse zu beschleunigen, indem sie arbeitsteilig organisiert werden, mit immer besseren Maschinen unterstützt werden, Stehzeiten verringert werden, die Maschinenauslastung erhöht wird, Fehler reduziert werden etc. Mit Tools wie Kaizen, Kanban und Toyota 5 S werden diese Ansätze immer weiter ausgereift, die Zusammenarbeit der Menschen am Workfloor wird mit KVP (kontinuierlichen Verbesserungsprozessen) und Team-Workshops optimiert – und die Motivation der Leute mit Prämiensystemen gesteigert. In einem weiteren Schritt werden mit Sensoren Daten aus dem Prozess generiert und analysiert, um Roboter einzusetzen, die einzelne Arbeiten übernehmen. Aktuell befinden wir uns in dieser Phase, wo die Roboter mit den Menschen interagieren. Nur in manchen Bereichen ist es bereits gelungen, eine dieser traditionellen Prozessketten vollständig zu automatisieren.

In den Firmenzentralen gab es bis in die 1980er Jahre „Aktenschlepper", die Ordner von einem Büro ins andere trugen. Später kamen die Kopiergeräte, vor denen sich lange Warteschlangen bildeten, um dann die einzelnen Ausdrucke in die jeweiligen Abteilungen zu tragen. Rechnungen, Anträge, Protokolle oder Berichte wurden in Papierform gelesen, unterfertigt, weitergeleitet oder wieder archiviert. Die Wege wurden also fast ausschließlich von Menschen durchgeführt. Einzelne Ansätze, dies zu verbessern, kamen mit der Rohrpost oder später mit dem Telefax, einer temporären Technologie, mit der die Papierwelt halbherzig mit der elektrischen Datenübertragung verknüpft wurde. In den 1990er Jahren wurden die Daten zunehmend digitalisiert, wobei das Papier auch weiterhin zum Lesen und Ablegen benutzt wurde. Die Kommunikation erfolgte zu Ende des Jahrtausends verstärkt digital. Da die Nachrichtenübermittlung nun erheblich einfacher wurde, als die Treppen im Büro auf- und abzulaufen, stieg die Menge an hin- und hergeschickten Informationen gewaltig an: Besonders beliebt wurde das „Mail an alle", mit Fotos der Hundewelpen, die in der Firma zum Verkauf angeboten wurden.

Die zunehmend eingesetzten ERP-Systeme automatisierten Teile des Datentransfers. Dennoch hat sich im Grunde nichts geändert: Der zugrunde liegende lineare End-to-End-Prozess besteht in den meisten Bereichen auch weiterhin und wird immer noch von Menschen begleitet: Freigabeprozesse, Eingabeprozesse oder Überarbeitungsprozesse. Die Menschen suchen sich immer noch manuell alle Daten aus dem System zusammen. Aufgrund der Beschleunigung der Datenübertragung – statt Aktenschlepper und Postbote – stieg der Druck an der Schnittstelle zum Menschen, während die digitalen Teilsysteme damit problemlos zurechtkamen. So kam es seit den 2000er Jahren zu immer mehr stressbedingten Überlastungssymptomen, bis hin zum völligen Burnout. Ab den 2010er Jahren stieg der Druck gegenüber den Menschen weiter an, nunmehr aufgrund der ständigen Erreichbarkeit per Smartphone, immer mehr Menschen beantworten fast rund um die Uhr Anrufe, E-Mails, SMS oder WhatsApp-Messages. Immer mehr Unternehmen erwarten, dass ihre Mitarbeitenden selbst am Wochenende und im Urlaub erreichbar sind.

Durch die globale Digitalisierung steigt bis heute die Menge und Komplexität der zu bewältigenden Informationen weiter. Da die betrieblichen Datenverarbeitungssysteme nur Teilprozesse automatisiert abarbeiten und keine intelligenten Entscheidungen treffen, steigt der Druck an der Schnittstelle zum Menschen weiter. Der daraus resultierende weitere Stressfaktor „Information Overload" belastet immer weitere Kreise der Bevölkerung. Da die Prozessstruktur in den Unternehmen bis heute fortbesteht, bleiben diese in ihrer Grundstruktur analog und sind mit diesen Veränderungen zunehmend überfordert.

Das einzige, was hier Abhilfe schaffen wird, ist die Künstliche Intelligenz, die mithilfe der Algorithmen und vernetzen Funktionen den Menschen die meisten alltäglichen Entscheidungen abnehmen wird und mit der Komplexität der Informationen bestens und fehlerfrei umgehen kann. Damit wird ein Großteil der Belastungen von den Maschinen übernommen und der Mensch wird endlich wieder freigespielt, um sich höheren Aufgaben zu widmen. Warum dies nicht nur bei den Kernprozessen sinnvoll ist, wird anhand von ausgewählten Prozessen in den folgenden Abschnitten erläutert.

5.2 Interaktion mit Markt und Kunden

Die Gewinnung von Neukunden, die Kommunikation der Unternehmensleistungen sowie der Aufbau des Markenimages erfolgt im analogen Unternehmen überwiegend durch den Menschen. Dafür werden Informations- und Kommunikationskampagnen entwickelt und umgesetzt. Die Effekte diese Kampagnen sind entweder gar nicht oder nur sehr langfristig messbar, und dann ist oft die Zuordnung schwer, welche Faktoren nun wirklich für den Erfolg oder Misserfolg verantwortlich sind. Wer das genau wissen will, muss ein Marktforschungsinstitut beauftragen, das anhand einer repräsentativen Telefonumfrage mit z. B. 2.000 Probanden ermittelt, welcher Werbespot z. B. die besten Werte bei der ungestützten Marken-Erinnerung erreicht.

Ganze Abteilungen werden auf Messen geschickt, um dort das Unternehmen zu präsentieren oder Kontakte mit Kunden und Kundinnen sowie Lieferanten zu knüpfen. Cluster und Wirtschaftsverbünde organisieren Netzwerktreffen, um relevante Partner zueinander finden zu lassen. Der daraus resultierende Erfolg für die Unternehmen – Bekanntheit, Bestellung oder Kauf – beruht in einem hohen Ausmaß auf Zufall sowie auf den individuellen Begabungen dieser entsendeten Personen, auf schwer steuerbaren Matching-Faktoren wie auch der Sympathie zweier oder mehrerer Personen.

Im vollständig digitalisierten Business besteht hingegen die Möglichkeit, sofort jede gewünschte Analyse durchzuführen. Mittels der Daten über das Suchverhalten, der Verweildauer im jeweiligen Bereich der Website oder der Klicks können präzise Statistiken erstellt werden, die in weiterer Folge in die Verbesserung der Performance einfließen. Darüber hinaus kann auf Grundlage dieser Daten analysiert werden, wer genau die richtigen Kunden und Kundinnen sind und wie diese am besten zu erreichen sind. Im analogen Unternehmen waren und sind diese Informationen noch sehr stark in der Person des Verkäufers bzw. der Verkäuferin gebündelt. Da dieses implizite Wissen auch eine gewisse Machtposition begründet, wurde es nicht immer an die Unternehmensleitung weitergegeben, wodurch erhebliche Potenziale verlorengingen.

Anzumerken ist auch, dass vor allem im B2B-Geschäft und bei hochwertigen oder erklärungsbedürftigen Produkten auch weiterhin der persönliche Kontakt von Mensch zu Mensch eine wesentliche Rolle spielen wird. Er wird jedoch erheblich von Daten gestützt – bzw. werden sämtliche Transaktionsdaten erfasst und in das selbstlernende System eingespeist, um damit auch die Tätigkeiten dieser Vertriebsmitarbeiter über Ihre persönliche Intuition hinaus zu optimieren.

Ein sehr aufwendiger Prozess ist im analogen Unternehmen ist z. B. die Erstellung eines Angebots bei einer Ausschreibung. Das lässt sich am besten anhand eines Generalplaners in der Bauwirtschaft beschreiben. Er muss das gesamte Projekt in Teilleistungen und zu liefernde Elemente zerlegen und diese exakt in ihrem Ausmaß und allen qualitativen Merkmalen beschreiben. So entstehen über 100 Seiten starke Ausschreibungstexte mit tausenden Positionen, die wiederum an der Schnittstelle zu den anbietenden Baufirmen von diesen eingepreist werden müssen. Der Kalkulant ist dabei in hohem Maße von Erfahrung und Intuition getrieben. Er muss einerseits versuchen, die Preise niedrig zu halten, um den Auftrag zu erlangen – andererseits muss er so hoch kalkulieren, dass sich der Auftrag für das Unternehmen auch rentiert. Letztlich ließe sich diese Aufgabe von einzelnen Algorithmen und zur Verfügung stehenden sämtlicher Daten leicht berechnen. Da dem im analogen Unternehmen jedoch nicht so ist, entscheidet das Bauchgefühl eines Mitarbeiters in Kombination mit hunderten kleinen analogen Prozessen über Erfolg oder Misserfolg von Großprojekten in der Höhe von Millionen Euro.

Darüber hinaus hat dieser unglaublich aufwendige, zeitraubende und fehleranfällige Prozess mit der eigentlichen Wertschöpfung, die durch das Unternehmen erbracht wird – nämlich das Objekt zu errichten – nichts zu tun.

Der Einsatz von digitalen Technologien unterstützt in den heutigen analogen Bauunternehmen lediglich den Prozess in Teilbereichen. Mit den CAD-Plänen müssen die Massen nicht mehr mit Lineal, Bleistift und Taschenrechner berechnet werden, mittels der Ausschreibungstools können Mustertexte eingesetzt werden und Summen ermittelt werden. Dennoch arbeiten diese Werkzeuge noch weitgehend isoliert, sind nicht mit anderen Funktionen vernetzt und bedürfen in hohem Maße der Steuerung durch den Menschen.

Im selbststeuernden Bauunternehmen genügt es z. B., den digitalen Plan mit der Definition alle Details zu erfassen. Aufgrund der aktuellen Daten aus sämtlichen Bereichen des Unternehmens – Ressourcen, Auslastung, empirisch erfasster Aufwand, Angebotsdaten aus der Vergangenheit, Prognosen, saisonale und konjunkturelle Effekte – kalkuliert der selbstlernende und damit immer besser werdende Algorithmus das Angebot in Sekundenschnelle in höchster Präzision und übermittelt es in digitaler Form. Auf Wunsch können zuvor eine manuelle Prüfung und Freigabe erfolgen.

5.2.1 Helpdesk und Kundenhotline

Auch wenn es den Anschein hat, dass der Helpdesk bzw. der Support in vielen Unternehmen bereits stark digitalisiert ist, funktioniert dieser dennoch bis heute nach den Prinzipien des analogen Unternehmens und verärgert viele Menschen, anstatt positiv zur Kundenbindung und Weiterempfehlung beizutragen. Zunächst versuchen die Unternehmen, auf Ihrer Website auf die FAQ zu verweisen, also die meistgestellten Fragen, zu denen dann standardisierte Antworten geboten werden. Eine halbdigitale Variante beruht auf dem Einsatz von Chats, bei denen Servicemitarbeiter Fragen beantworten – oder auf einer Teamview-Funktion, bei der sich der IT-Service am Desktop einklinkt, um ein Problem zu lösen. Oft würden die Menschen am liebsten mit jemandem sprechen, finden jedoch die Hotline auf der Website nicht, da diese bestens versteckt ist. Gelingt es dennoch anzurufen, ist entweder ewig lange besetzt oder man stößt auf eine digitalisierte Stimme, um mittels Zahlentasten durch ein Problemlösungsmenü gelotst zu werden. Wurde nach 20 min endlich das vermeintliche Ziel erreicht, fliegt man nicht selten aus der Leitung.

Wie diese Beispiele zeigen, sind diese teildigitalisierten Lösungen sowohl aus der Perspektive des Unternehmens wie auch aus der Perspektive der Kunden und Kundinnen höchst unbefriedigend. Das große Potenzial im selbstfahrenden Unternehmen liegt in der laufenden Identifikation der zugrunde liegenden Probleme und der ebenso intelligenten und schnellen Entwicklung von Verbesserungen. Einfache Probleme können dann von den Kunden und Kundinnen entweder auf intuitive Weise selbst gelöst werden, oder sie erhalten auf Wunsch einen freundlichen, unmittelbaren persönlichen Support. Dies kann sich das selbstfahrende Unternehmen leisten, da nur noch ein kleiner Teil der ehemaligen Support-Anfragen anfällt und insgesamt die Produktivität enorm verbessert wurde.

5.3   Wertschöpfende Prozesse, Logistik und Produktion

Den wertschöpfenden Prozessen, oft auch Kernprozesse genannt, wird in den meisten analogen Unternehmen die meiste Aufmerksamkeit gewidmet. Dadurch hat vor allem in diesem Bereich bereits ein höheres Ausmaß der Digitalisierung stattgefunden als in den unterstützenden Prozessen.

5.3.1   Von der Idee zum Produkt

Grundsätzlich erstreckt sich der wertschöpfende Prozess von der Entwicklung der Idee bis hin zum fertigen Produkt. Die Entwicklung von neuen Produkten erfolgt bis heute vor allem auf Grundlage von Ideen, die von Menschen kreiert werden. Auch die Entwicklung des Prototyps, die Erprobung auf einem Testmarkt oder mit ausgewählten Kunden erfolgt fast ausschließlich durch Menschen und auf analoge Weise. Dies wird voraussichtlich auch in Zukunft so sein – wobei erheblich bessere Daten vorliegen, um Entscheidungen zu Art, Inhalt und Umfang der Produkte oder Services bereits im Vorfeld besser treffen zu können. Die zugrunde liegenden Analyseverfahren gibt es schon seit Jahrzehnten, nun können Sie mit erheblich relevanteren, aktuelleren und vielfältigeren Daten gefüttert werden denn je. So ist es zum Beispiel möglich, mittels Conjoint-Analysen auf Grundlage von präzisen Daten zu den Kundenpräferenzen, dem Nutzungs- und Kaufverhalten komplexe Verknüpfungen mit bestehenden und gewünschten Produktmerkmalen herzustellen, die der Ideenfindung und Prototypenentwicklung zu Grunde gelegt werden können. Aufgrund der umfassenden und hoch aktuellen Daten können bereits in dieser frühen Phase präzise Prognosen des künftigen Kaufverhaltens erstellt werden, die wiederum in die Optimierung einfließen (Ziegler 2014).

Während also der kreative Prozess bei der Produktentwicklung im Kern auch weiterhin von Menschen gesteuert wird, ergeben sich mit der zunehmenden Digitalisierung vielfältige Möglichkeiten, die Produktentwicklung zu unterstützen. So produziert z. B. Netflix bereits jetzt aufgrund einer kreativen Idee zunächst einmal nur eine Serien-Staffel und kann diese über die digitalen Kanäle sofort am Markt mit geringsten Streukosten testen. Stellt sich der Erfolg ein, kann dies ganz leicht anhand der Streaming- und Nutzungsdaten der Kunden erfasst werden: Wie viele Leute haben die Serie angesehen? Wie viele brechen die Wiedergabe wann ab? Wenn also die Serie am Markt „zieht", erfolgt die Freigabe größerer Budgets zur weiteren Produktion mehrerer Staffeln, wobei auch hier wieder ein präzises Monitoring möglich ist.

Die Einbeziehung des Marktes bei der Entwicklung wird mittels Algorithmen einfacher und besser sein denn je. Die klassischen analogen Unternehmen scheitern in über 80 % bei der Entwicklung ihrer Geschäftsidee oder ihrer Produkte daran, dass sie im Entwicklungsprozess die Bedürfnisse des Marktes zu wenig berücksichtigen (Altrichter et al. 2019). Erst, wenn das Entwicklungsteam selbstverliebt monatelang an dem Produkt herumgebastelt hat kommt die Erkenntnis, dass im Grunde kein Kunde bereit ist, dafür Geld auszugeben. Diese Erkenntnis beruht auf eigenen Erfahrungen aus der Gründung und den Investitionen in unterschiedlichste Startups. Der Hauptgrund für den Misserfolg ist und war immer die Abstimmung und Ausrichtung am Markt.

5.3.2　Vom Forecast zur Kundenlieferung

Das typische Kennzeichen eines analogen Unternehmens ist, dass Vertrieb und Produktion nicht digital miteinander verknüpft sind. Die Planung des Vertriebs und die Planung der Produktion sind also weitgehend getrennte Prozesse. Diese Trennung beruht auf der hohen Komplexität der Tätigkeiten in den beiden Bereichen, der unterschiedlichen Expertise wie auch auf der organisatorischen Trennung der damit betrauten Personen.

So ist der Vertriebsmitarbeiter bis heute die meiste Zeit auf Geschäftsreise, sammelt dort wertvolle Informationen, gibt diese aber nicht in die Produktionsabteilung weiter, wo diese wichtigen Inputs erheblich zur Verbesserung der Produkte sowie zur vorausschauenden Planung der zu produzierenden Mengen beitragen könnten. Auch wenn immer wieder versucht wird, hier einen besseren Wissenstransfer zu gewährleisten, geht dieser im geschäftlichen Alltag unter, getrieben von den vielen kleinen dringenden administrativen Erledigungen.

Hochgradig digitalisierte Unternehmen wie Amazon identifizieren und verschicken aufgrund ihrer präzisen Algorithmen und umfassenden Nutzerdaten bereits heute genau kalkulierte Mengen an Waren in Regionen, wo sie voraussichtlich auch abgesetzt werden – was in Folge zur Freude der Kunden dann auch besonders rasch geschieht.

Mit einer vollen Integration sämtlicher Funktionen aus den Bereichen Vertrieb und Produktion können also wesentlich genauer kalkulierte Mengen von Produkten erzeugt werden, die präziser den Kundenerwartungen angepasst sind.

Insgesamt ist – je nach Art des Produktes oder Services – in diesem Bereich die Digitalisierung und Automatisierung im Vergleich mit den anderen Unternehmensfunktionen schon weit fortgeschritten – Stichwort Industrie

4.0. Jedoch sind auf Grundlage der vollständigen Vernetzung, mit flexibel einsetzbaren, intelligenten und selbstlernenden Robotersystemen, individualisierter On-Demand-Produktion und kontinuierlicher Einbeziehung der Reaktionen des Marktes auch im Bereich der Produktion bis 2035 erhebliche weitere Potenziale erschließbar. Dennoch sind diese Potenziale nicht vergleichbar mit den Potenzialen, die in den anderen Bereichen des Unternehmens ausgeschöpft werden können. Diese sind bis heute nur in geringem Maße erschlossen, da der Fokus der Eigentümer und Geschäftsführer stets vor allem auf Verbesserung der Produktion gelegt wurde und die zugrunde liegenden Prozesse isoliert und zu wenig betrachtet wurden.

So werden in der Zukunft vom selbstfahrenden Unternehmen sämtliche Daten aus allen Bereichen laufend ausgewertet und tragen unternehmensweit zu optimierten Funktionen bei. Damit werden nicht nur in der Produktionskette Engpässe und Störungen beseitigt und Wartezeiten verringert. Mit den erzielten, komplexen Interdependenzen wird sich jeder auf alles in Echtzeit einstellen – auf Grundlage von präzise verarbeiteten Daten in Mengen, die jene der analogen Unternehmen bei Weitem übersteigen werden. Die Verarbeitung wird nicht zentral, sondern dezentral erfolgen. Vergleicht man diese Prozesse der Datenverarbeitung mit dem analogen Hin-, Hertragen und Freigeben von Dokumenten, werden die ungeahnten Potenziale besonders deutlich sichtbar.

5.4   Interaktion mit Partnern und Lieferanten

Auch wenn heute bereits viel IT bei der Interaktion mit Partnern und Lieferanten eingesetzt wird, erfolgen die Prozesse im Prinzip immer noch auf analoger Basis und immer noch sind viele Menschen bei allen beteiligten Partnern im Einsatz. Angebote, Aufträge und Rechnungen werden zwar mittels Word, Excel und Co. erfasst, aber immer noch per Hand in die jeweiligen ERP-Systeme eingegeben. Beim Partner werden sie dann ausgedruckt und begutachtet, diskutiert oder freigegeben, um einen weiteren Schritt im Prozess wiederum mit der Hand auszuführen und die Angebote, Aufträge und Rechnungen im eigenen ERP-System einzugeben.

Zur Jahrtausendwende war die Vision des Unternehmenseinkaufs, dass dieser einen aktiven und nachhaltigen Beitrag zum Ausbau der Wettbewerbsfähigkeit eines Unternehmens leistet, indem er Materialien, Produkte und Dienstleistungen mit hohem Qualitäts- und Servicegrad termingerecht zu marktkonformen Bedingungen beschafft.

In den letzten zwei Jahrzehnten waren folgende Themen in unseren Beratungsprojekten von strategischer Bedeutung für die Interaktion mit Lieferanten:

- zu den Fachbereichen, um die Fachorientierung sicherzustellen und auch die Zufriedenheit der Fachbereiche zu gewährleisten.
- Die intensive Interaktion mit den Lieferanten sollte als Innovationstreiber wirken und zur sinnvollen Reduktion von Fertigungstiefen und Konzentration auf strategische Lieferanten beitragen.
- Erzielen von Kostensenkungen durch das Heben von Synergien, Reduzieren des Maverick Buy und Nutzen von Best-Practice-Ansätzen des Markts.
- Stetiges Optimieren und Automatisieren des Beschaffungsverhaltens und ständiges Professionalisieren der Bearbeitung von Aktives Öffnen der Einkaufsabteilungen Beschaffungsvorgängen.
- Erhöhen der Flexibilität der bei beschafften Materialien, Produkten und Dienstleistungen durch Implementieren von Managed-Service-Modellen.
- Ausbauen der Proaktivität des strategischen Einkaufs und den auf Kennzahlen basierenden Aktivitäten des Facheinkaufs.

Eine der aktuell größten Herausforderungen in der Beschaffung für analoge und digitale Unternehmen ist die Durchführung von großen internationalen Ausschreibungsverfahren. Eine Ausschreibung ist ein Vorgehensmodell zur Vergabe von Aufträgen im Wettbewerb unter der Beachtung der von der Einkaufspolitik vorgegebenen Grundsätze. Im Rahmen einer Ausschreibung werden Bieter aufgefordert, ein schriftliches Angebot abzugeben. Aufgrund der Wettbewerbssituation für die Bieter, wird bei Ausschreibungen eine marktkonforme Angebotserstellung mit attraktivem Preis-/ Leistungsverhältnis sichergestellt. Um eine objektive Wettbewerbssituation zu erzielen, sind immer mehrere unabhängige Bieter in eine Ausschreibung einzubeziehen. Bei Ausschreibungen vertritt der Fachbereich die inhaltliche Sicht, der Einkauf die kaufmännische. Ausschreibungen stellen den wichtigsten Hebel für Einkaufsabteilungen dar, um das beste Preis-/Leistungsverhältnis ihrer Lieferanten zu bekommen.

Für die Zukunft des selbstfahrenden Unternehmens ist eine reibungslose Interaktion mit einem Partner nur möglich, wenn dieser über denselben Stand der Automatisierung verfügt und die entsprechende Schnittstelle zum Unternehmen aufweist. Es werden also vor allem jene Unternehmen als Partner bevorzugt, mit denen das Schnittstellen-Management weitgehend automatisiert erfolgen kann. So werden zukünftig Ausschreibungen und Bieterverfahren zwischen selbstfahrenden Unternehmen vollständig automatisiert abgewickelt. Diese Beschaffungsvorgänge können am besten mit dem hoch automatisierten An- und Verkauf von Unternehmensbeteiligungen mittels Aktien verglichen werden. Die Einkäufer und Verkäufer definieren ihre Verhandlungskorridore und die Softwaresysteme übernehmen die Verhandlungen.

5.5   Finanz- und Rechnungswesen und Unternehmensführung

Die finanzielle Planung bis zur Berichterstattung ist ein Thema, das vor allem für die Geschäftsführer von hohem Interesse ist. Diesen Managern oder CFOs wäre es am liebsten, wenn sie ihre Planung erstellen, in der X Millionen Gewinn ausgewiesen ist, dann drücken Sie auf einen Knopf und der Gewinn wird automatisch ein Jahr später genauso realisiert.

Vor allem im analogen Unternehmen geschehen in diesem Folgejahr unzählige unerwartete Ereignisse, die zu Abweichungen von diesen Wunschszenario führen: Im negativen Fall z. B. ein Personalengpass, verzögerte Lieferungen, ein Anlagenschaden, Nachfragerückgang, Eintritt neuer Konkurrenten oder Konkurs eines Großkunden oder Lieferanten. Im positiven Fall ein unerwarteter Großauftrag, ein neuer Rekord der Akkord-Partie in der Fertigung, der überraschende Verkauf eines alten Lagerbestands oder eine drastische Senkung der Einkaufspreise aufgrund eines Überschusses am Weltmarkt.

Seit jeher ist die zentrale Herausforderung bei der Planung zu erkennen, worauf sich die dabei verarbeiteten Daten stützen. Dies sind zunächst gegebenen Tatsachen im Unternehmen wie auch in die Zukunft gerichtete Prognosen. Um zum Beispiel die 1 Million Gewinn zu erwirtschaften, muss das Unternehmen in dieser Periode 15 % Neukunden gewinnen, dafür braucht es drei neue Mitarbeiter im Außendienst, die allerdings Mehrkosten verursachen, welche ebenfalls in der Planungsrechnung berücksichtigt werden müssen.

Während dies bis dato überwiegend auf analoger Basis erfolgt, unterstützt von Kalkulationsprogrammen, können diese Berechnungen in der Zukunft des selbstfahrenden Unternehmens hochgradig automatisiert werden. Wenn auch nicht alle Unsicherheiten der zukünftigen Szenarien beseitigt werden können, werden die Prognosen aufgrund des erheblich größeren Datenbestandes im Unternehmen viel genauer werden, da die aktuelle Situation des Unternehmens stets in Echtzeit abgerufen werden kann – und nicht auf die Ergebnisse der Berechnungen durch den Steuerberater gewartet werden muss. Zusätzlich verfügt das Unternehmen über erheblich mehr Daten über die Lieferanten und sonstigen Partner, da die Schnittstellen automatisiert sind und auch von dieser Seite sämtliche Daten in

Echtzeit eingehen – und die Systeme werden Big-Data-Analysen in ihre Prognosen einbeziehen, vergleichbar mit den Informationen, die von Michael Bloomberg
oder Harvard Analytics aufbereitet werden und mit denen bereits heute viele große
Unternehmen ihre Prognosen weitgehend absichern.

5.5.1   Vom Beleg zum Reporting

Sämtliche Prozesse im operativen Finanzwesen sollten bereits längst voll automatisiert sein, denn es gibt ein klares Regelwerk, das Grundlage für die entsprechenden Programme sein könnte. Dennoch erfolgen bis heute alle zu Grunde
liegenden Prozesse immer noch über Mitarbeiter des Rechnungswesens, die den
ganzen Tag damit verbringen, Zahlen und Daten in Dokumente einzugeben und
diese weiter zu verwalten. Einen nicht unerheblichen Teil ihrer Zeit verbringen
sie damit, bei Kunden zu urgieren, um Belege oder Daten zu erhalten. Im Prinzip
wäre die gesamte Datengrundlage an allen Schnittstellen mit der Auftragserteilung
und aufgrund eines klar erfassbaren Fortschritts der daran geknüpften Aktivitäten
vollkommen klar. Dennoch wird immer noch von Heerscharen von Mitarbeitern
täglich abgetippt, was andere eingetippt haben – auch wenn mittlerweile ERP-
Systeme bereits viele Funktionen erstellen, die einen erheblichen Anteil dieser
Tätigkeiten übernehmen könnten.

Im selbstfahrenden Unternehmen 2035 wird der Bedarf automatisch erkannt,
auf dieser Grundlage erfolgt durch das System die Bestellung, es wird erfasst,
wann und wie die Leistung erbracht wird. Wenn die elektronische Rechnung beim
Empfänger ankommt, wird die Zahlung ausgelöst und die Leistung automatisch
richtig verbucht. Es benötigt keine Dokumente wie Bestellung, Auftragsbe-
stätigung, Lieferbestätigung, Rechnung, Zahlungsbestätigung. Diese Dokumente
werden durch den Austausch von den grundlegenden Daten ersetzt. Sämtliche
Teilschritte beruhen also auf einfachen Algorithmen, die vom System mühelos, in
höchster Transparenz und bis ins Detail nachvollziehbar eingesetzt werden können. Ein bestätigter Bedarf löst die vollkommene Prozesskette aus und es läuft
alles höchst automatisiert ab.

So ist es bereits heute absurd, wie hochgradig analog diese Prozesse immer
noch erfolgen. Die Gründe dafür sind vielfältig: Festhalten an Bekanntem und
Bewährtem, Angst vor Veränderungen, Bedürfnis nach Sicherheit des Arbeitsplatzes, Erhaltung der Positionsmacht von Abteilungsleiterinnen und Abteilungsleitern, unzureichende, konservative Ausbildungen und mangelnder Weitblick
des Managements, dessen Horizont nur bis zu den strategischen 3-Jahres-Zielen
reicht.

Ein weiterer Grund ist, dass bis heute die Denkweise aus der analogen und nicht aus der digitalen Perspektive kommt. D. h., dass nach Wunsch der Geschäftsführer die Prozesse, genauso wie sie von den Menschen durchgeführt werden auch von den Maschinen erfolgen sollen – wodurch durch die vielfältigen Potenziale nicht genutzt werden, die bereits heute bestehen. Vielmehr wird auf zukünftige Potenziale verzichtet, die durch Künstliche Intelligenz und Deep Learning in den nächsten Jahren vorangetrieben werden könnten.

Durch das starre Festhalten am linearen Prozessdenken bleiben die analogen Strukturen aufrecht, trotz der Implementation neuer Software. Um dieses Denken zu verhindern, soll die Vision dieses Buches einen wesentlichen Beitrag leisten. Statt in die Vergangenheit der analogen Prozesse zu schauen, soll es ein attraktives Zukunftsbild geben, bei dem sämtliche Funktionen selbstständig und intelligent erfolgen, sich laufend in Echtzeit miteinander abstimmen und den Menschen von Routinen entlasten. Dieser kann sich jederzeit einen vollständigen Überblick über die Gesamtsituation des Unternehmens verschaffen und auf Wunsch korrigierend im Sinne langfristiger strategischer Ziele eingreifen.

Damit werden also auch im Rechnungswesen weiterhin Menschen arbeiten, nur werden sie nicht ewig gleiche Prozesse abarbeiten, sondern sich im Rahmen eines kreativen Freiraums betätigen, indem sie Verbesserungen vornehmen und intelligente, völlig legitime buchhalterische Konstruktionen entwickeln. Zum Teil werden die Vorschläge für diese Gestaltungsoptionen vom System kommen und mit allen mittel- und langfristigen Effekten und Szenarien ausgestattet sein. Diese können dann von den Menschen diskutiert und bei Bedarf freigegeben werden.

5.5.2 Von der Strategie zum Management

Bis heute beruht die Entwicklung einer Strategie vor allem auf den Fähigkeiten der Menschen, die mit dieser Aufgabe betraut sind. Meist sind es Erfahrung bzw. Bauchgefühl, Skill-Set und Potenz bzw. Macht. Aus theoretischer Perspektive sind es ebenfalls drei Faktoren: Daten, Analyse, Simulation. All diese drei Faktoren können digital erfasst und verarbeitet werden.

Bis heute erfolgen jedoch sämtliche Prozesse durch Menschen, wenn auch zum Teil von Berichten unterstützt, die mithilfe des ERP-Systems oder von Kalkulationsprogrammen erstellt werden. Um das eingesetzte Bauchgefühl bzw. die eingesetzte Erfahrung zu erweitern, finden oft Strategieklausuren statt, bei denen die Abteilungsleiter, Außendienstmitarbeiter, Produktmanager, Marketingleiter und das Controlling zugegen sind. Hier werden dann die unterschiedlichen Szenarien diskutiert, es werden Vorschläge und Einwände eingebracht bis letztlich der Faktor Potenz entscheidet, indem der CEO gegen Ende des Workshops seine Entscheidung trifft. Von dieser hängt dann der Erfolg des Unternehmens in den nächsten drei bis fünf Jahren entscheidend ab. Infolge werden aus der Strategie die operativen Pläne abgeleitet, die in kleineren Zeiträumen hinsichtlich ihrer Zielerreichung von der mittleren Führungsebene überprüft werden. Die große Strategie kann hingegen nicht mehr überprüft oder evaluiert werden, da die Datengrundlage überwiegend im Bauchgefühl des CEOs verborgen bleibt. Es wird also etwas im Großen und Ganzen sehr unklares und unscharfes infolge anhand von penibel erstellten Teilplänen sehr scharf auf Punkt und drei Kommastellen kontrolliert und exekutiert. Zusätzlich kommt bei der Umsetzung der operativen Pläne auch erneut der Faktor Mensch zum Tragen, indem in den einzelnen Abteilungen Machtkämpfe ausgeübt, Informationen blockiert oder scheinbar Verantwortliche ausgetauscht werden.

Damit zeigt sich, dass eine der wichtigsten Funktionen im Unternehmen in hohem Maß von Emotionen und Intuition gesteuert ist, anstatt die Strategien anhand gesicherter Daten systematisch abzuarbeiten und dann eine Entscheidung zu treffen, die in all ihren einzelnen Aspekten vollständig nachvollziehbar ist. Im selbstfahrenden Unternehmen 2035 liegen weitaus mehr Daten diesen Entscheidungen zu Grunde als heute, werden alle im System erfasst und können auf jede erdenkliche Weise ausgewertet werden. Alle auf diese Weise entwickelten Szenarien können mit sämtlichen Folgeeffekten für das gesamte Unternehmen dargestellt werden. Damit liegt bereits zum Zeitpunkt der strategischen Entscheidung eine gesicherte Datengrundlage vor, aus der die operativen Pläne automatisch abgeleitet werden. Es bedarf keiner Intervalle mehr, bei denen Zwischenberichte vorgelegt werden, sondern jegliche Abweichung von den Zielen wird in jedem Bereich des Gesamtsystems in Echtzeit erfasst. Auf dieser Grundlage erfolgt je nach Wunsch auf Basis eines festgelegten Abweichungsintervalls eine Meldung an das Management, verknüpft mit verschiedenen Optionen zur Korrektur der Ergebnisse, inklusive aller damit verbundenen Prognosen für sämtliche Bereiche des Unternehmens. Während es früher oft Jahre gedauert hat, das Feedback für die Aktionen zu erhalten, erfolgt dies nun mehr laufend in Echtzeit. Das erhöht erheblich die Sicherheit beziehungsweise vermindert die Risiken im Unternehmen.

Die dabei eingebunden Menschen haben laufend eine vollkommen transparente und bis ins kleinste Detail nachvollziehbare Entscheidungsgrundlage. Darüber hinaus können Sie anhand dieser Daten Ideen entwickeln, die über den Aktionsradius des Systems hinwegreichen – wie zum Beispiel für kreative neue Produkte, die auf Grundlage einer horizontalen oder vertikalen Diversifikation entwickelt werden könnten oder für die Erschließung neuer Märkte in neuen Ländern oder einer Nische, die sich aufgrund aktueller gesellschaftlicher oder technologischer Entwicklungen aufgetan hat.

Damit ist die analoge Strategie vergleichbar mit einem großen alten Öltanker, der auf Grundlage der Erfahrungen des Kapitäns seinen Weg findet, viel zu spät Gefahren erfasst und nur träge auf die Bewegungen des Steuermanns reagiert. Die neue Strategiefindung lässt sich vergleichen mit einem ganzen Schwarm von kleinen, extrem schnellen Booten, die laufend miteinander kommunizieren und ihre Informationen aus hunderten Perspektiven wechselseitig abgleichen, stets darauf bedacht, miteinander möglichst sicher und schnell voranzukommen. Kommt es dabei zu unerwarteten Problemen, werden immer nur einzelne Boote betroffen sein, die ihre Lage sogleich an alle kommunizieren, was zu sofortigen Korrekturen durch alle anderen Boote führt.

Dadurch, dass bei so einem dezentralen System die laufend zu treffenden Entscheidungen nicht starr hierarchisch von oben kommen, sondern laufend aufgrund einer übergeordneten Strategie von allen Akteuren in wechselseitiger Abstimmung getroffen werden, kommt es auch zu keinen Leerläufen, die durch mangelnde Entscheidungen bzw. durch unzureichende Kommunikation der Entscheidungen von oben nach unten entstehen. Die vielen kleinen Entscheidungen zu einem Netzwerk bahnen sich immer einen Weg an ihr Ziel. Zusätzlich führt die gesicherte und transparente Datengrundlage zu einer besseren Nachvollziehbarkeit und Akzeptanz durch das Personal. Damit werden ungeheure Potenziale zur Steigerung der Leistungsfähigkeit des gesamten Unternehmens freigesetzt.

Ein weiterer Aspekt ist das Prinzip „fail fast", das in den USA lange Tradition hat und heute auch in Europa zunehmend zum Einsatz kommt: Du darfst gerne etwas ausprobieren, solltest aber rasch erkennen, wenn es nicht funktioniert. Dieses Prinzip wird von den analogen Unternehmen noch nicht entsprechend gelebt, während das digitale Unternehmen dafür weitreichende Möglichkeiten eröffnet. Diese sorgen auch dafür, dass es zunächst erheblich einfacher und rascher möglich ist, aufgrund einer Idee exakte Prognosemodelle zur ermitteln und zu kommunizieren. Damit wird es auch viel einfacher, Chancen und Risiken zu berechnen und die Umsetzung der Idee, zum Beispiel in Form eines Feldversuches auf einem Testmarkt zu erproben. Ohne ein teures Marktforschungsinstitut beauftragen zu müssen, werden sämtliche Kundenreaktionen auf das neue Produkt erfasst und ausgewertet. Diese Vorgangsweise wird im Jahr 2035 Standard sein, vor allem weil sie bereits 2020 die längst gelebte Praxis von digitalen Unternehmen wie zum Beispiel Internet-Start-ups ist. So werden in Webshops neue Produkte eingestellt und alle Reaktionen der Kunden sofort erfasst: Wie viele Leute klicken auf das Produkt, wie lange verweilen sie auf der Seite, wie bewegen sie sich auf der Seite, welche Kundentypen kaufen das Produkt? Bereits heute wird eine Vielfalt an Daten in Echtzeit erfasst, die sofort ausgewertet werden können. In weiterer Folge kann geprüft werden, ob das Produkt am Markt bleiben soll oder nicht. Oder es erfolgt mit dem bestehenden Sortiment der Aufbau eines neuen Marktes, indem der Webshop zum Beispiel in Russland gelauncht wird. Auch hier werden in kurzer Zeit solide und vielfältige Daten vorliegen, die Grundlage für eben solche Management-Entscheidungen sind – und das z. B. vom ganzen russischen Markt.

Mit dem durchdigitalisierten Unternehmen wird es also möglich, in weitaus höherem Ausmaß Komplexität zu beherrschen. Die Komplexität war es bis heute auch, die es in den autonomen Unternehmen erforderlich machte, mit dem unzuverlässigen Instrument des Bauchgefühls zu arbeiten. Diese Intuition speichert die lebenslangen Erfahrungen der Menschen und bereitet sie mit undurchsichtigen Algorithmen auf. Damit ist keineswegs gesagt, dass dieses Bauchgefühl gänzlich schlecht wäre. Viele Untersuchungen der Verhaltensökonomie zeigen, dass Entscheidungen, die auf Grundlage des Bauchgefühls getroffen werden, systematisch besser sind als jene, die auf harten Informationen beruhen.

Heute sind die in den analogen Unternehmen verfügbaren „Hard Facts" nicht nur unzureichend, sondern bei den zunehmend komplexen Umfeldbedingungen bei weitem nicht hinreichend, um als Grundlage für solide strategische Entscheidungen eingesetzt werden zu können. Auch in der Zukunft des selbstfahrenden Unternehmens werden nicht sämtliche Informationen zur Verfügung stehen – der Anteil wird aber weitaus höher sein, damit wird die Qualität und Menge der Daten zusammen mit den vielfältigen Algorithmen eine bessere Entscheidungsgrundlage denn je bieten.

Das Komplexitätsproblem wird damit in hohem Maße von den Maschinen bewältigt, wodurch das Denken der betroffenen Manager erheblich erleichtert wird. Sie müssen ihre Intuition nicht mehr damit strapazieren, um damit die Qualität von strategischen Szenarien zu überprüfen. Vielmehr werden sie von diesen Belastungen befreit und können ihre Perspektive und den Blick in die Ferne erweitern. Sie werden gefordert sein, über das bestehende, mittlerweile gut funktionierende strategische, taktische und operative System hinauszudenken. Sämtliche aus diesen Erkenntnissen beruhende Ideen werden in den Teams diskutiert und probeweise umgesetzt, wenn sie für gut befunden wurden. Geht die Idee nicht auf, kann sie zeitnah wieder zurückgezogen werden.

5.6   Organisation und Personal

Viele Organisationen stehen vor der Herausforderung auf Veränderungen am
Markt, neue Technologien, wachsende Konkurrenz durch Start-ups, Kundenwünsche und fehlende personelle Ressourcen zu reagieren. Unternehmen sind damit
ständig inneren und äußeren Einflüssen bzw. Veränderungen ausgesetzt. In klassischen Organisationsformen können Fachbereiche aufgrund ihrer Arbeitsweise
oft nicht mit dieser Geschwindigkeit mithalten und das eigentlich vorliegende
Humanpotenzial kann nicht genutzt werden.

5.6.1   Von der Personalplanung zum Recruiting

Die Besetzung von neuem Personal ist ein langwieriger Prozess, der zunächst mit
der Bestimmung von Planstellen startet. Für diese Planstellen gilt es, vielfältige
Informationen im Unternehmen zu erfassen und im Personalbüro zusammenzu-
tragen. Dazu gehören die mittel- und langfristigen Prognosen für den Erfolg des
Unternehmens, aufzubauende oder zu kürzende Kapazitäten in der Produktion
oder in der Verwaltung wie auch sonstige Zahlen und Daten zur Performance und
Effizienz des Unternehmens. Dazu kommen persönliche Wünsche und Eitelkeiten.
Es gibt immer wieder Manager, denen es gelingt, besonders viele Assistenten um
sich zu scharen und andere, die genügsamer sind und dieselbe Leistung mit weniger Ressourcen erbringen. Es gibt Führungskräfte, die lauter jammern, dass sie
mit dem Personal nicht auskommen und andere, die vielleicht besser organisiert
sind und denen es gelingt, auch mit geringeren Ressourcen ihre Ziele zu erreichen. Letztlich handelt es sich also bei der Schaffung von Planstellen um einen
Mix aus harten und weichen Fakten sowie irrationalen, emotionalen Aspekten
– auch wenn das den beteiligten Personen oft nicht bewusst ist.
     Bei großen Unternehmen wird eine zusätzliche Planstelle mit ca. einer
Million Euro Kapitalbedarf kalkuliert. Das sind die internen Kosten für eine
Vollzeit-Person über mehrere Jahrzehnte. Diese setzen sich aus den Lohnkosten,
Steuern und der benötigten Ausstattung, z. B. Schreibtisch, Auto oder Computer
zusammen.
     Die erste Überlegung bei der Ermittlung des Personalbedarfs besteht darin,
die Lücke durch interne Umbesetzungen zu schließen. Gelingt dies nicht, wird
eine Planstelle geschaffen, dann erfolgt der Schritt auf den Personalmarkt. Dies
geschieht zunächst meistens inoffiziell, indem innerhalb der persönlichen Netzwerke nach geeigneten Personen gesucht wird. Bleibt diese Suche erfolglos, wird

der Personalmarkt eingeschaltet. Dazu wird das Stellenprofil mit allen Anforderungen wie auch Anreizen beschrieben und die Personalanzeige in den relevanten Online- und Offline-Medien geschaltet bzw. gepostet, wie auf der Website, in Jobportalen, regionalen oder überregionalen Zeitungen, Social Media wie LinkedIn und Xing und bei der Lehrlings- und Facharbeitersuche auch mittels Anzeigetafel am Firmengelände.

Damit startet der nächste, langwierige Prozessabschnitt, es kommen Online- und Offline-Bewerbungen in das Unternehmen. Je nach Menge der Bewerbenden werden zunächst K.O.-Kriterien angewendet, um die Menge der Bewerbungen zu reduzieren. Diese K.O.-Kriterien können durchaus zynisch, rassistisch oder frauenfeindlich sein und dafür sorgen, dass das Portraitfoto bereits Grund genug ist, die Bewerbung auszuschließen. Da diese Kriterien jedoch inoffiziell zur Anwendung kommen und nur ein kleiner Personenkreis eingeweiht ist wird sichergestellt, dass die Kriterien im Sinne eines attraktiven „Employer Brandings" nicht nach außen kommuniziert werden.

Der nächste Abschnitt des Prozesses besteht in der persönlichen Kontaktaufnahme, dem Vereinbaren von Besprechungsterminen und einer weiteren Selektion der Bewerbenden. Bei höher dotierten Jobs werden Personalagenturen oder Headhunter eingeschaltet oder interne Assessment Centers durchgeführt.

Im selbstfahrenden Unternehmen 2035 erfolgt die Definition der Planstellen aufgrund umfassender interner und externer Informationen, die laufend von vielfältigen Algorithmen verarbeitet werden. Das System weiß um die aktuelle und langfristige Auslastung im Unternehmen, erstellt zuverlässige Prognosen und Szenarien, berechnet die monetären und operativen Folgeeffekte einer Neubesetzung und schlägt eine weitere Vorgangsweise anhand eines Jobprofils vor.

Wie sich das weitere Bewerbungsverfahren der Zukunft von den analogen Prozessen unterscheidet, kann heute schon anhand der üblichen Praxis in China erahnt werden. Dort erfolgen die Bewerbungen in größeren Unternehmen – nach den auch dort weiterhin relevanten persönlichen Netzwerken – überwiegend über Social Media, statt dem langwierigen Verfassen von Bewerbungsschreiben genügt ein Knopfdruck der Bewerbenden, um ihre Daten an das Unternehmen zu senden. Dort können diese Informationen sofort weiterverarbeitet werden, anhand des gewünschten Bewerberprofils erfolgt ein automatisierter Matching-Prozess, der im Ergebnis die gewünschte Zahl der besten Bewerbenden ausgibt. Erst dann wird Kontakt aufgenommen und die Bewerber werden näher persönlich begutachtet.

5.6.2   Von der Investition zur Abschaltung

Im analogen Unternehmen beruht das gesamte Ressourcenmanagement auf hochgradig manuellen Prozessen. Sämtliche Anschaffungen und Investitionen beruhen auf Entscheidungen von Mitarbeitenden in den jeweiligen Bereichen, die je nach Höhe der Investition persönlich oder unter Einbeziehung der übergeordneten Ebene freigegeben werden.

Die Vorstellung, dass diese Prozesse digitalisiert werden könnten, ist in den analogen Unternehmen noch weit entfernt, die zu hebenden Potenziale sind unbekannt. Nur weil Teile der Kernprozesse, wie zum Beispiel in der Produktion, bereits automatisiert sind, wähnen sich die Unternehmen in der Lage, bereits hochgradig modernisiert zu wirtschaften. Während in der Produktion mit den ERP-Systemen geringfügige Produktivitätssteigerungen erzielt werden, liegen im Ressourcen-Management gewaltige Potenziale brach. Statt linearen End-to-End-Prozessen können auch hier vernetzte unternehmerische Algorithmen zum Einsatz kommen. Der Mensch müsste auch hier nur bei Entscheidungen, die außerhalb des definierten Systemrahmens liegen, unterstützend eingreifen.

Dies lässt sich am besten anhand eines Beispiels illustrieren: Im vernetzten Gesamtsystem des selbstfahrenden Unternehmens 2035 wird der Bedarf einer neuen Maschine gemeldet, da der gerade erschlossene Markt für eine Produktvariation eine Auslastungssteigerung von 3 % bewirkt hat. Aufgrund der unternehmensinternen Daten, die seit Jahren laufend in der Produktion erfasst werden, sind die Spezifikationen für die Maschine klar definiert: Der Bedarf für Durchsatz, Wartung und Instandhaltungsintensität, Energiebedarf, Qualität des Outputs, Flexibilität und Manövrierfähigkeit wird mittels eines intelligenten Agentensystems mit den Angeboten am Weltmarkt abgeglichen und es werden die Bestbieter ermittelt. Auf Wunsch wird die Ergebnisliste vom zuständigen Einkäufer eingesehen und die weitere Verhandlung erfolgt von Mensch zu Mensch. Kleinere Routinebeschaffungen erfolgen bis hin zur Zahlung und korrekten Versteuerung der Rechnung vollkommen automatisiert.

Bei neuen oder komplexeren Fragestellungen wird ein selbstorganisierendes Team (siehe ▶ Abschn. 6.5.1) eingesetzt, eine Art „Bubble", die mit allen vom System aufbereiteten Informationen versorgt wird und dann die Aufgabe gemeinsam mit hoher Effizienz lösen kann. So können zum Beispiel die Daten für einen noch nicht digitalisierten Arbeitsprozess mit einem Digital Twin ermittelt werden. Diese Daten werden wiederum ins Gesamtsystem eingegeben und es werden von den Algorithmen neue Lösungsalternativen berechnet. Ähnliche Bubbles gibt es auch in anderen Bereichen des Unternehmens, sämtliche Teams werden durch das Netz der intelligenten Software laufend wechselseitig mit den aktuellen

Informationen versorgt. Es gibt also keine starre Top-down-Hierarchie, sondern weitgehend autonome Teams, die aufgrund aktueller, auf das Gesamtoptimum des Systems abgestimmten Informationen hochqualitative Ergebnisse erzielen. Alle Ergebnisse verbessern wiederum die Performance des Unternehmens und sind im Sinne der vollkommenen Transparenz bei Bedarf jederzeit und hinsichtlich aller damit verknüpften Entscheidungskriterien einsehbar.

Um innerhalb dieses Systems für die beteiligten Menschen Anreize zu schaffen, sind vielfältige Möglichkeiten gegeben. So können die unterschiedlichsten Prämiensysteme erprobt und hinsichtlich ihrer positiven Effekte analysiert werden, wieweit sie zur Verbesserung der Erreichung der strategischen Ziele oder zur Steigerung der Deckungsbeiträge beitragen. Mit diesen und anderen leicht anwendbaren Hebeln wird für das Management die Komplexität in Zukunft erheblich leichter zu handhaben sein.

5.6.3   Facility Management

Ziel eines guten Facility Managements ist es, ein Gebäude oder eine Liegenschaft bzw. mehrere Gebäude so zu verwalten, dass dabei möglichst geringe Kosten entstehen. Aufgrund der Komplexität und der hohen Einsparungspotenziale hat sich das Facility Management auch als eigene Wissenschaft etabliert. Bisher wurden die zu verarbeitenden Informationen stets analog erfasst und zusammengeführt, wie aus den Bereichen:

- Beschaffung
- Verwertung, Vermietung
- Verkauf
- Heizung, Lüftung, Sanitär
- Gebäudeautomatisation
- Personalorganisation
- IT-Infrastruktur
- Fuhrpark
- Instandhaltung, Wartung
- Reinigung

Es bestehen also vielfältige Schnittstellen innerhalb und außerhalb des Unternehmens, zum strategischen Management, den Abteilungsleitern, der Haustechnik, Personalvertretern, Mietern und den verschiedenen Dienstleistern.

Diese werden alle im Sinne der klassischen Prozesse gemanagt, wobei viel Kommunikationsarbeit erforderlich ist, um eine jeweils optimierte Lösung zu erhalten, zum Beispiel bei der Gestaltung und Verteilung der Büroarbeitsplätze, der Beauftragung eines Stromversorgers oder der Wartung der Heizung.

Wie aus den bisherigen Erkenntnissen zu schließen ist, können viele Funktionen des Facility Managements in Zukunft automatisiert und untereinander vernetzt werden. Ein System sucht laufend den besten oder im Sinne der Nachhaltigkeitsziele saubersten Stromanbieter und wechselt selbsttätig, versorgt damit den Fuhrpark aus E-Cars und E-Bikes zur jeweiligen Tageszeit mit dem günstigsten Strom. Ein anderes Teilsystem trackt die Aktivitäten der Mitarbeiter und zieht daraus Schlüsse für die optimierte Anordnung der Arbeitsplätze, während die gesamte Gebäudeautomatisation in abgestimmter Weise mittels Heizung, Lüftung, Kühlung, Sonnenschutz und Kernaktivierung der Wandflächen für ein ideales Raumklima sorgt.

Literatur

Altrichter, M., et al. (2019). *Startup Investing: Praxishandbuch für Investorinnen und Investoren*. Wien: Linde.

Ziegler, M. (2014). Marktforschung. In N. Baur & J. Blasius (Hrsg.), *Handbuch Methoden der empirischen Sozialforschung* (S. 183–194). Wiesbaden: Springer VS.

Selbstfahrendes Unternehmen 6

Seit etwa 15 bis 20 Jahren liegen sämtliche Technologien vor, um die gesamte Produktion zu automatisieren, eine „gläserne Fabrik" herzustellen. Alle großen Beratungsunternehmen haben mehrfach gezeigt, dass dies theoretisch und auch praktisch möglich wäre. Umgesetzt wurde es allerdings bis heute nur von wenigen Unternehmen. So könnte z. B. der Tesla heute bereits – vorausgesetzt, dass er in einer einzigen Version produziert wird – vollkommen automatisiert vom Band laufen. Angereichert mit etwas mehr Softwareintelligenz wäre auch die Produktion von Varianten möglich. Der Grund, warum das bis heute nicht umgesetzt wurde, liegt in den Kosten für die Roboter und dass es bisher günstiger war, mit der Kombination aus menschlicher Arbeitskraft und Automatisierung zu fertigen. Dennoch wurde in die Technologisierung und Digitalisierung der wertschöpfenden Prozesse ungleich mehr investiert als in die begleitenden Geschäftsprozesse. In den kommenden Jahren werden Unternehmen speziell in diesen begleitenden Geschäftsprozessen in Digitalisierung, Automatisierung und in lernende Softwaresysteme investieren.

In den kommenden fünf Abschnitten werden die zukünftigen Unternehmensbereiche Markt & Kunden, Interaktion mit Lieferanten & Partnern, Wertschöpfung, Finanz und Organisation mit ihren Änderungen beschrieben. Dabei werden die neuen Rollen und Aufgaben der Kunden, Partner, Eigentümer und Mitarbeitenden beleuchtet. Selbstfahrende Organisationen besitzen keine klassischen End-to-End-Prozesse, sondern Algorithmen treffen laufend aufgrund von Daten die Entscheidungen. Diese Transformation wird beschrieben und die daraus resultierende Organisationsform erklärt.

F. Schnitzhofer, *Das selbstfahrende Unternehmen*,
https://doi.org/10.1007/978-3-662-63067-9_6

6.1   Interaktion mit Markt und Kunden

In der Technologisierung und Automatisierung der letzten Jahre wurde die
Schnittstelle hin zu den Kunden und Kundinnen häufig vernachlässigt. Dies zeigen
auch unsere firmeninternen Studien. Es wurde zwar viel geforscht und entwickelt, aber letztlich nichts in diesen Bereich investiert. Einige Entwicklungen
gingen auch in die falsche Richtung. Ein Beispiel sind digitale Messen, hier
wurde das Potenzial der technischen Möglichkeiten bei weitem nicht genutzt.
Digitale Messen bilden nur die analoge Welt in digitaler Form ab, mit virtuellen
3D-Messeständen und Avataren, die sich auf dem künstlichen Messegelände hin-
und herbewegen. Sicher sind hier Vorteile gegeben, die Messe ist ohne Reisespe-
sen erreichbar und 7 Tage die Woche 24h in aller Welt verfügbar – aber letztlich
sind es nur ein paar Technokraten, die sich für diese Lösung begeistern können
und digitale Messe dümpelt vor sich hin, ohne den entscheidenden Durchbruch
zu erlangen.

Das Ziel von gutem Vertrieb ist klar definiert: neuen Kunden die eigenen
Produkte zu verkaufen, bestehenden Kunden zusätzliche Produkte oder Dienstleistungen zu verkaufen oder Kunden bestehende Produkte zu höheren Preisen zu
verkaufen. Daher ist davon auszugehen, dass die Themen Vertrieb und Marketing
in den nächsten fünf Jahren erheblich an Bedeutung gewinnen werden. Gegenüber den bereits gut mittels Algorithmen beherrschbaren Produktionsprozessen
stellt sich die Interaktion mit dem Kunden als die komplexeste Herausforderung
der Digitalisierung dar. Gleichzeitig muss ein marketingorientiertes Unternehmen
sämtliche Funktionen aus den Kundenanforderungen heraus ableiten. Damit triggert die Interaktion mit Kunden und Kundinnen sämtliche anderen betrieblichen
Funktionen (vgl. Abb. 6.1).

Für die Vertriebsmitarbeitenden bedeutet der Einsatz dieser Algorithmen eine
fundamentale Verbesserung ihrer Arbeitssituation, da sie bisher einen hohen
Anteil ihrer täglichen Arbeitszeit mit administrativen Tätigkeiten verbringen
mussten und letztlich dadurch weniger Zeit vorhanden war, um sich direkt um
die persönlichen Bedürfnisse und um die persönliche Beziehung zu den Kunden
und Kundinnen zu kümmern. Das selbstfahrende Unternehmen gibt den Vertriebsmitarbeitenden somit ihre wertvolle Zeit für die persönliche Beziehungspflege mit
potenziellen Kunden und Kundinnen zurück.

Seit Jahrtausenden beruht der Handel von Waren und Dienstleistungen auf
dem Vertriebsgeschick von Handelsleuten. An den Grundprinzipien eines erfolgreichen Vertriebs hat sich auch in Zeiten der Digitalisierung nichts verändert.
Die wichtigsten Stationen, um einen Kunden zu gewinnen sind stets die gleichen geblieben: Das Unternehmen muss auf sein Produkt aufmerksam machen

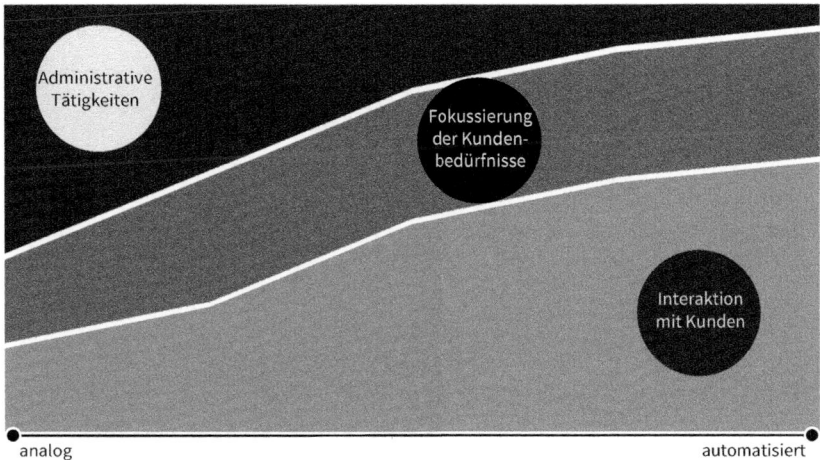

Abb. 6.1 Verbesserung der Interaktion mit Kunden durch Automatisierung (Reales Beispiel)

und das Kundeninteresse wecken. Nun kommt die goldene Zutat des Vertriebs zu unserem Rezept hinzu: Potenzielle Kunden und Kundinnen müssen einen vorliegenden, zumindest latenten Bedarf an dem Produkt haben bzw. die Verkäuferin oder der Verkäufer muss sie vom Bedarf überzeugen können. Ist das Interesse geweckt, muss die Verkaufschance entwickelt und schlussendlich auch zu einem Abschluss gebracht werden. Dabei geht es um die vertragliche und die preisliche Ausgestaltung und die gemeinsame kommerzielle Annäherung von Bedarf und Angebot. Nur der abgeschlossene Verkaufsvertrag oder das unterschriebene Angebot gilt als tatsächlicher Vertriebserfolg. Viele würden vermuten, dass der Vertrieb an dieser Stelle endet. Hierbei handelt es sich jedoch um einen der größten Irrtümer. Speziell die anschließenden Aktionen im Vertriebsprozess bringen auf lange Sicht gesehen starken Umsatz und Margen. Ziel ist es, bereits bestehende zu loyalen Kunden bzw. Kundinnen und schlussendlich zu Fans und Botschaftern der Produkte zu machen. Erreicht wird das Ganze durch intensive Betreuung der Kundschaft auch nach dem Produktkauf. Der Fokus im Kundenlebenszyklus liegt dabei auf dem Cross- und Upselling. Bestehenden Kunden und Kundinnen zusätzliche Dienstleistungen oder gegebenenfalls weitere Produkte zu verkaufen, ist die Königsdisziplin im Vertrieb. Als „Sahnehäubchen auf der Vertriebstorte" gilt die Wandlung von ein- oder mehrmaligen Kunden hin zu Botschaftern der Marke.

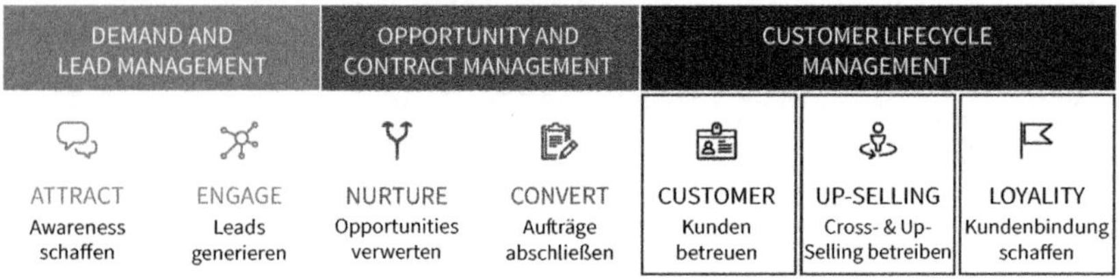

DEMAND AND LEAD MANAGEMENT		OPPORTUNITY AND CONTRACT MANAGEMENT		CUSTOMER LIFECYCLE MANAGEMENT		
ATTRACT	ENGAGE	NURTURE	CONVERT	CUSTOMER	UP-SELLING	LOYALITY
Awareness schaffen	Leads generieren	Opportunities verwerten	Aufträge abschließen	Kunden betreuen	Cross- & Up-Selling betreiben	Kundenbindung schaffen

Abb. 6.2 Fokus-Themen für die Interaktion mit den Kunden

Aufgrund ihrer Empfehlung unseres Produktes an andere Kunden übernehmen sie dann für die Unternehmen den Vertrieb und das Marketing. Die Abb. 6.2 zeigt die drei Bereiche, in denen Kundeninteraktion künftig gestaltet wird:

1. Zunächst muss der Bedarf geweckt werden.
2. Nun müssen die potenziellen zu tatsächlichen Kunden und Kundinnen gemacht werden. Die Anforderungen für das Opportunity und Contract Management steigen mit der Komplexität und Erklärungsbedürftigkeit der Produkte.
3. Das Customer Lifecycle Management beginnt, wenn der Vertrag zustande gekommen ist.

Ein Großteil der Marge für die Unternehmen liegt im Customer Lifecycle Management. Dies kann am besten am Beispiel des Autokaufs illustriert werden. Die Händler generieren die relevanten Margen nicht beim Kauf, sondern im Rahmen des weiteren Lebenszyklus des Fahrzeuges mittels Upselling durch Service- und Reparaturtätigkeiten bzw. Ersatzteile. Gleichzeitig versuchen gute Unternehmen, die Kunden in dieser Phase drei zu echten Fans zu machen, die als Markenbotschafter tätig werden und auch weitere Bekannte von ihren Produkten überzeugen.

6.1.1 Growth Hacking statt Marketing

Die Bearbeitung neuer Märkte bzw. Kunden und Kundinnen hat sich in den vergangenen Jahren massiv gewandelt. Domänen wie klassisches Marketing wurden durch moderne datengetriebene Methoden wie „Growth Hacking" ersetzt. Dabei handelt es sich um ein Methoden-Set aus der Start-up-Szene. Klassische Marketingtechniken werden mit Kreativität, digitalen Vertriebsansprachen, analytischen Auswertungsmethoden und neuen digitalen Plattformen angereichert. Dabei spielt das Auswerten von Daten und Trends eine sehr große Rolle. Zusätzlich werden mittels Softwarelösungen neue Kanäle zu potenziellen Interessenten aufgemacht. Ziel von Growth Hacking ist es, dass Kunden und Kundinnen selbstständig auf die eigenen Produkte aufmerksam werden, ihren Bedarf erkennen und selbstständig das Produkt kaufen. Ein wichtiges Element bei der digitalen Anrede von potenziellen Kunden und Kundinnen ist die Omni-Channel-Erfahrung der User. Über alle digitalen Kanäle, aber auch analoge Kanäle muss die Kommunikation und das Kundenerlebnis deckungsgleich verfügbar sein. In der digitalisierten Gegenwart und Zukunft sucht sich nicht der Verkauf den Vertriebskanal aus, sondern reagiert auf die Bedürfnisse der Kunden und Kundinnen. Dabei stehen das Kundenverlangen und die Kundenerreichbarkeit im Mittelpunkt. Auch wenn dies bedeutet, dass man einen chinesischen Chat-Anbieter im Vertrieb verwendet. Inhalte der Webseite müssen mit Printmedien, E-Mail-Marketing und Social-Media-Inhalten die gleiche Markenbotschaft vermitteln. Die individuelle Beratung und der Kauf des Produktes sollen über alle Kanäle möglich sein (vgl. Abb. 6.3).

Im Zuge der Digitalisierung werden weit mehr Kundendaten zur Verfügung stehen, die den Unternehmen genau zeigen, wie diese Personen mit ihren Produkten und Services umgehen, welche Verhaltensmuster sie zeigen oder welche Gewohnheiten sie haben. Zusätzlich werden die Unternehmen auch wissen, was ihre Kunden und Kundinnen sonst tun, welche Medien sie zum Beispiel konsumieren und welche Interessensgebiete sie haben. Diese Daten sind für die Kommunikationsarbeit relevant, um wiederum neuen Kundenbedarf zu wecken. Sämtliche Daten fließen in die weitere Produktentwicklung ein, wobei nicht nur in erster Linie eine Weiterentwicklung bestehender Produkte angestrebt wird. Hier ist auch wieder der Mensch mit seiner Kreativität gefragt, aufgrund seiner gesamten Erkenntnisse völlig neue, disruptive Lösungen zu schaffen.

Die Marktkommunikation wird erheblich zielgenauer. Während bis heute vor allem im B2C-Bereich zum Beispiel mit Werbespots über Möbel große Streuverluste entstehen, werden diese mit den künftigen digitalen Möglichkeiten reduziert. So werden auch die Möbelhändler in Zukunft genau mit jenen Personen kommunizieren, die tatsächlich einen Bedarf haben, weil sie gerade ihr neues Haus

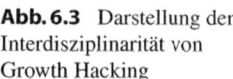

Abb. 6.3 Darstellung der
Interdisziplinarität von
Growth Hacking

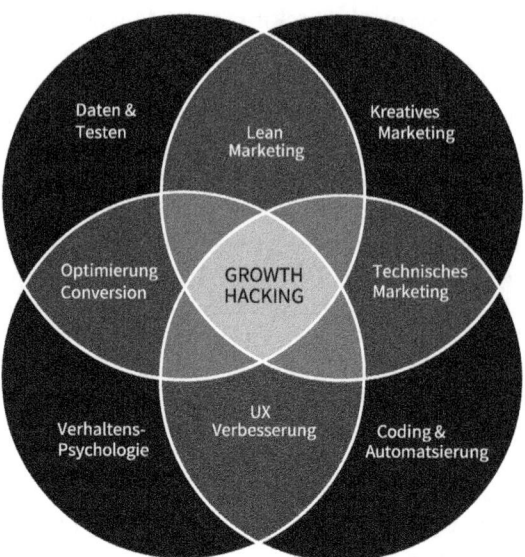

einrichten. Es gibt also keine Zielgruppe im traditionellen Sinne, keine groben Cluster mehr, die eingegrenzt werden. Die relevanten Vertriebskontakte werden dynamisch aus den laufenden Daten ermittelt. Im Moment ist Amazon bereits auf diesem Weg fortgeschritten. In Zukunft wird für jeden einzelnen Kunden, jede einzelne Kundin hinsichtlich sämtlicher erfasster Parameter und Daten ein Persönlichkeitsprofil erstellt. Die gesamte Kommunikation und später auch die Produkte werden auf diesem Profil aufbauen und werden individuell angepasst.

Das Mantra lautet: Kenne deinen Kunden! Amazon und Facebook kennen bereits sämtliche Kunden und Kundinnen, die meisten Unternehmen sind davon allerdings noch meilenweit entfernt. Höchstens der Außendienst kennt den einen oder anderen Großkunden hinsichtlich seiner Bedürfnisse genau. Hier zeigt sich immer wieder, dass er diese Informationen nur unzureichend an die Geschäftsleitung und seine Kollegen und Kolleginnen weitergibt. In selbstfahrenden Unternehmen erfolgt sowohl der Prozess der Datenerfassung wie auch der Weitervermittlung der Informationen vollständig automatisiert. Alle weiteren betrieblichen Funktionen werden auf diese Erkenntnisse abgestimmt. Auf Wunsch kann die Geschäftsleitung jeden nur erdenklichen Markt- und Vertriebsbericht aus dem System herausziehen, um eine Grundlage für strategische Entscheidungen zu erhalten. Jeder Mensch schätzt es wert, wenn wirklich in allen Details auf seine Bedürfnisse eingegangen wird. Infolge wird er auch zustimmen, dass seine Daten genutzt werden dürfen, weil er die Erfahrung gemacht hat, dass er damit erhebliche Vorteile hat. Unternehmen müssen also:

1. Bei den richtigen Personen einen Bedarf erzeugen
2. Die Angebote exakt auf diese Personen zuzuschneiden
3. Die loyalen Kunden und Kundinnen belohnen und sie zu Markenbotschaftern machen. Denn auch in Zukunft sind die besten Werbemittel immer noch zufriedene Kunden und ihre Weiterempfehlung. Dies erfolgt nicht mehr nur in Form von Mund-zu-Mund-Propaganda, sondern immer effektiver über Onlineplattformen und Social Media.

Nur wer diese drei Funktionen professionell erfüllt, wird in Zukunft am Markt bestehen können, das zeigen auch die aktuellen Entwicklungen. Jene, die das längst begriffen haben, sind heute die am schnellsten wachsenden Unternehmen und der Konkurrenz meilenweit voraus. Nur zögerlich beginnen die anderen, hier mitzuziehen. Jene, die das professionell umsetzen, werden sehr rasch davon profitieren. Die anderen werden in der Eisenzeit zurückbleiben, wo ein Haufen Stahl produziert und erst dann nachgedacht wird, wem man das wohl verkaufen könnte.

Ein zentrales Paradigma des Growth Hacking lautet zudem: Meine Produkte müssen Marketing machen. Die Unternehmen bauen dabei ihre Produkte so, dass sie in ihrem Sinne Marketing betreiben. Das österreichische Start-up Runtastic hat dies besonders erfolgreich aufgezeigt. Hat der Sportler seine Laufrunde oder Fahrradrunde getrackt, können die Daten automatisch in Social Media hochgeladen und geteilt werden. Hier werden sie von einer Vielzahl an Freunden gesehen, die dann ihrerseits auch Interesse bekommen, die App zu erwerben, um selbst Runden zu drehen und sich mit den Freunden und sonstigen Interessenten zu vergleichen.

Die Daten aus dem Growth Hacking steuern auch den persönlichen Vertrieb, vor allem im B2B-Bereich. Wie am Beispiel GRANOBIZ gezeigt, verfügen diese über sämtliche, für ihre Großkunden relevante Daten. Mit diesen wertvollen Informationen leisten sie wiederum einen unschätzbaren Beitrag für die geschäftlichen Aktivitäten ihre Kunden und legen so eine Basis für dauerhafte Planungen und den Aufbau neuer Geschäftsfelder.

Aber auch im B2C-Bereich wird es in Zukunft Menschen geben, die sich die Daten des selbstfahrenden Unternehmens im Sinne ihrer Kunden und Kundinnen zu Nutze machen können. So werden erklärungsbedürftige Finanzprodukte auch weiterhin von Menschen zu Menschen verkauft werden. Aufgrund der detailreichen Informationen über die komplexen Kundenbedürfnisse können hochgradig individualisierte Angebote erarbeitet werden. Das persönliche Gespräch wird von individualisierten Animationen unterstützt, mit denen sämtliche Szenarien für die Zukunft durchgespielt werden können.

6.1.2 Beispiel: Der analoge und digitale Möbelhändler

Ein Beispiel aus dem Bereich des internationalen Möbelhandels zeigt, wie ein analoges Geschäftsmodell gänzlich völlig neu gedacht werden kann und auch muss. Zunächst bestand der Händler aus einigen Filialen, die von einem Shop-Manager oder einer Shop-Managerin geführt wurden. Im nächsten Schritt – etwa um das Jahr 2010 – ging der Händler mit einer „digitalen Filiale" online. Diese wurde professionell auf Basis der zu dieser Zeit gegebenen Technologien aufgesetzt. Rasch entwickelte sie sich innerhalb von einigen Jahren zur weitaus größten Filiale. Zunächst wurde der Onlineshop wie die regionale Filiale geführt. Erst in einem weiteren Evolutionsschritt eröffnete sich das ganze Spektrum an Möglichkeiten, indem der Onlineshop nicht von der analogen Marktperspektive her, sondern aus dem Blickwinkel der digitalen Welt gedacht wurde. Zunächst war der Shop 24/7 aus aller Welt erreichbar. Er verfügte im Gegensatz zu der Filiale stets über sämtliche Produkte, die nach vielfältigen Suchparametern blitzschnell aufgerufen und hinsichtlich aller kaufentscheidenden Parameter begutachtet werden konnten. Ist einmal ein Kundenprofil angelegt, kann sofort bestellt werden und es besteht die laufende Möglichkeit, den Versandstatus des Produktes bis zur Lieferung nach Hause zu verfolgen oder diese Produkte per Click und Collect direkt in der physischen Filiale abzuholen.

Damit erklärt sich der rasche Erfolg des Onlineshops, während die Filialen immer noch weitgehend auf einem Prinzip aus der Nachkriegszeit beruhen. Hier muss nach langer Anreise und Suche im Geschäft zunächst eine verfügbare Verkäuferin oder ein Verkäufer gefunden werden. Gelingt es, hier ein vorrätiges, den Wünschen entsprechendes Sofa zu finden, das vor Ort nur angesehen, aber nicht mitgenommen werden kann, verlagert sich der Prozess auf ungeschickte Weise in die teildigitalisierte Welt. Denn das Sofa ist natürlich nur im Schauraum physisch präsent. Die Verfügbarkeit wird nun am PC in einer ungemütlichen Nische des Shops mittels einer veralteten Datenbank geprüft. Dann werden Bestellformulare ausgedruckt, die händisch ausgefüllt und mehrfach unterschrieben werden müssen, bevor der ganze Datensatz wiederum händisch eingegeben wird, um den Bestellvorgang auszulösen. Dieser dauert dann auch noch länger als jener in der „echten" digitalen Filiale. Zudem kann die Zustellung oder Abholung nicht digital verfolgt werden. Der Verkäufer gibt maximal ein grobes Zeitfenster für die

Lieferung an oder die Lieferkosten sind unerwartet hoch. So wird das Sofa dennoch wieder mühsam physisch vor Ort abgeholt. Um den genauen Liefertermin zu erfahren, muss der Kunde immer wieder anrufen, um nach langem Warten in der Schleife und der Eingabe von Ziffern nach Anweisung einer Computerstimme zu erfahren, dass der Verkäufer leider gerade im Krankenstand ist und der Kollege nicht Bescheid weiß.

Die Zukunft wird also anders aussehen, so werden die klassischen Handelshäuser die Konkurrenz von Amazon und Co nicht überleben. Während Amazon auf radikale Weise zeigt, wie der digitale Shop funktioniert, wird der analoge Shop der nahen Zukunft nur überleben, wenn er ein echtes Pendant zur Onlinewelt darstellt, mit allem, was ein physisches, optisches, olfaktorisches und wenn möglich auch geschmackliches Erlebnis auszeichnet. Der echte Shop vor Ort wird ein Raum des Genusses und der Sinnlichkeit sein.

Der Handelsshop der Zukunft wird mehr einer gemütlichen Wohnung gleichen als einem Geschäft und er wird fast durchgängig offen sein. Das Mustersofa wird zum Probesitzen bereitstehen und für die angebotenen Produkte wird es einfach zu bedienende automatisierte Tools geben, mit denen Stoff- oder Materialproben gefühlt und physisch erlebt werden können. Das Einkaufserlebnis wird wieder zunehmend haptischer. So wird der Kauf einer komplexen Sofalandschaft mehr an ein Legospiel erinnern. Gemeinsam mit einem Berater vor Ort wird aus einzelnen kleinen Sofamodulen die gewünschte Sofalandschaft zusammengebaut. Die digitalen Informationen werden im Hintergrund verarbeitet und direkt nach der Bestellung an den Lieferanten gesendet. Der Kunde zahlt digital und nimmt sich das kleine Sofa-Modell direkt nach dem Kauf mit nach Hause. Wenige Tage später kommt die Lieferung nach Hause, auf Wunsch mit Monteur, der vom System automatisiert beim Aufbau angeleitet wird.

Eine Anwendung, die voraussichtlich im Zuge dieser Entwicklungen wieder stärker eingesetzt wird, ist die Augmented Reality. Hier geht es darum, die virtuelle Welt mit der realen Welt zu verschmelzen, wie das der schwedische Händler Ikea bereits sehr gut gezeigt hat. Allerdings ist ein Smartphone als Wiedergabegerät dafür nicht ideal geeignet. So kann zum Beispiel eine Datenbrille erheblich besser dafür eingesetzt werden. Zunächst wird das neue Sofa-Modell konfiguriert und es wird der passende Stoff ausgesucht, dann wird kurz die Datenbrille aufgesetzt und ein Foto des bestehenden Wohnzimmers eingespielt. Jetzt kann sich der Kunde die 3D Animation des Sofas in der realen Situation ansehen und entscheiden, ob er vielleicht am Stoff oder der Konfiguration noch etwas ändern möchte. Diese Technologie wird uns als Konsumenten und Konsumentinnen bereits seit fünf bis zehn Jahren regelmäßig versprochen. Der Grund, warum wir noch nicht so weit sind, liegt in der exponentiellen Entwicklung und Verbreitung von Technologie. Es wird noch mindestens bis 2025 und vermutlich eher bis 2030 dauern, bis Datenbrillen und Augmented Reality Teil unseres alltäglichen Lebens sein werden.

6.1.3 Beispiel: Szenarien für den Supermarkt

Ein weiteres Beispiel für den radikalen Wandel der Interaktion mit den Kunden und Kundinnen ist der Supermarkt. Es wird nicht mehr notwendig sein, einen Einkaufskorb oder einen Einkaufswagen zu nehmen. Wir werden uns inmitten lustvoller Szenarien bewegen, wo Schauköche zu beobachten sind, Kostproben geboten werden und die zugehörigen Produkte einfach nur auf die Wunschliste kommen. So gehen wir – vergleichbar dem klassischen, über Jahrtausende beliebten Marktplatz – herum, treffen Freunde, trinken Kaffee oder vielleicht ein Gläschen Prosecco, tauschen uns untereinander und mit dem hochmotivierten Personal über die Köstlichkeiten aus, die geboten werden.

Im Gegensatz dazu ist der Supermarkt bis heute ein langweiliges Hochregallager, wie es im frühen 20. Jahrhundert im Zuge der Industriellen Revolution entstanden ist. Wir laufen hier seit Jahrzehnten in einem unübersichtlichen, engen Labyrinth herum und suchen verzweifelt die Eier, die im hintersten Winkel im untersten Regal versteckt sind. Das stärkste und nachhaltigste Erlebnis in diesem Supermarkt besteht aus Kollisionen mit anderen Einkaufswagen, herunterfallenden und aufplatzendem Mehl und auslaufenden Milchpackungen. Dann müssen wir uns zehn Minuten in der Warteschlange an der Kasse anstellen, zusehen, wie vor uns endlos 1-, 2- und 5-Cent-Münzen abgezählt werden, alles mal aufs Band legen, dann wieder in den Einkaufswagen, im nächsten Schritt in die Einkaufstasche, zu Hause in den Kühlschrank und erst dann kommt die Ware irgendwann mal auf den Tisch. Vom Hochregallager weg müssen wir also jeden Käse siebenmal umlagern, bis er auf dem Brot liegt.

Im sinnlichen Markt der nahen Zukunft werden wir nur noch unsere Wünsche äußern – hier gibt es technisch viele Möglichkeiten, die auch ganz individualisiert werden können – dann wird uns die Ware nach Hause geliefert. Damit entstehen übrigens auch wieder neue Jobs, denn wir werden auch in Zukunft nicht nur hochqualifizierte Akademiker und Künstler sein. Es bleibt der Fantasie jedes Einzelnen überlassen, sich auszumalen was angenehmer ist: Im engen Hochregallager unter Abschottung vom Tageslicht Regale zu betreuen, stundenlang unter Druck an der Kasse zu sitzen – oder mit dem E-Bike draußen herumzufahren und die Warenkörbe zuzustellen.

Wir haben alle liebegewonnene Gewohnheiten, bevorzugen den italienischen Beinschinken, die Heumilch und das feingemahlene Roggen-Vollkornbrot. Wenn wir das wollen, können wir diese Dinge in unseren Einkauf automatisiert integrieren und müssen nicht immer wieder dieselbe Runde im verwinkelten Supermarkt laufen. Übrigens, warum tun wir das? Weil wir Menschen Gewohnheiten lieben. Das heißt, wir lieben es, gewisse Dinge immer zu Hause vorrätig zu haben und immer wieder die gleichen gewohnten Routinen zu erleben. Was wir weniger lieben, ist der Parcours durch das Hochregallager. Gleichzeitig zeigt sich hier ein Paradoxon: Die Suche nach den Lieblings-Lebensmitteln war uns vertraut, den Weg fanden wir, ohne uns durch das Sortiment an über 10.000 Produkten arbeiten zu müssen. Nichts Schlimmeres konnte passieren, als das der Shop neu arrangiert wurde, und die Suche von neuem beginnen musste. Allerdings fanden wir dann zufällig das eine oder andere interessante Neuprodukt, das wir dann ausprobierten.

Der sinnliche Markt der Zukunft wird uns ganz nach Wunsch bei der Suche nach dem Vertrauten entlasten und uns ebenfalls nach Wunsch mit interessanten neuen Dingen konfrontieren. Die Verkäufer werden keine verschwitzten Arbeiter und Arbeiterinnen sein, sondern kompetente und empathische Moderatoren, die unsere Wünsche erfassen und gemeinsam mit uns interessante Lösungen entwickeln. Wir werden soziale Kontakte pflegen, ein frisches Mittagsmenü essen und wenn wir entspannt das Geschäft verlassen, wird unser Einkaufskorb automatisch abgerechnet und zugestellt.

Ein kleiner Exkurs in diesem Zusammenhang, der sich vor allem an die Hersteller und Händler richtet: Unzählige Studien belegen, dass die Menschen immer das gleiche Waschmittel kaufen, ein Leben lang. Seit Jahrzehnten bemühen sich die Hersteller mit aufwendigen Werbekampagnen, die Leute dazu zu bewegen, ihre Wäsche mit ihrem Waschmittel noch weißer zu waschen, ohne jedoch damit erfolgreich zu sein. Wir halten alle eisern an unserem Waschmittel fest.

Im neuen sinnlichen Markt der Zukunft wird es für den Hersteller möglich sein, endlich eine echte, weil persönliche Auseinandersetzung mit den Kunden und Kundinnen zu führen. Kein klassisches Verkaufsgespräch, sondern einen interaktiven Dialog, in dem Kunden und Kundinnen führen, wo sie über ihre Gewohnheiten erzählen und aufgrund dessen erkennen, dass sie jahrelang gar nicht das richtige Waschmittel hatten und endlich gefunden haben, was sie eigentlich immer schon wirklich wollten. Damit zeigt dieses Beispiel auch, dass das Mitarbeiterprofil im Handel erheblich aufgewertet wird. Diese Leute werden uns das neue Junghopfenbier kosten lassen, dazu ein Stück Sennkäse, sechs Monate gereift. Wir werden vielleicht nicht gleich alles kaufen, was wir hier serviert bekommen, aber wir werden uns wohl fühlen, sicher bald wiederkommen – und wenn es auch nur für den liebgewonnenen Standardwarenkorb ist.

Damit überspringt dieser sinnliche Markt elegant eine Stufe, an der von großen Anbietern wie Walmart gerade fieberhaft gearbeitet wird. Hier wird mit RFID-Chips experimentiert, die an der Ware befestigt sind, um diese nachzuverfolgen. Es werden Kameras installiert, um abzulesen, wann eine Ware ins Hochregallager nachgeliefert werden muss, während immer noch die Regalbetreuung von Hand erfolgt. Die Handelsangestellten werden allerdings entlastet, da das Ablaufdatum der Ware nicht mehr vor Ort geprüft werden muss. Die Prüfung erfolgt durch das System, dass dann eine Meldung sendet bzw. dafür sorgt, dass die alte Ware kurz vor dem Ablauf nach vorne gereiht wird – also noch kein wirklich intelligentes System. Es wird ein im Grunde banaler Prozess teilautomatisiert und weder für die Kundschaft noch für den Verkauf eine richtige Verbesserung dadurch erreicht.

Das Ziel für 2035 ist also nicht das teildigitalisierte Hochregallager, sondern die stationäre, sinnliche, menschliche Vor-Ort-Variante des vollautomatisierten, intelligenten Onlineshops, der seine Kundschaft kennt, individualisiert auf sie zugeht, vielfältigen persönlichen Service bietet und den Verkaufsmitarbeitenden die Möglichkeit gibt, persönliche Potenziale zu entfalten.

Ein Übergangsbeispiel dieses stationären Onlineshops ist der Apple Store – hier mit der Variante Lager im Nebenraum. Hier stehen im fast völlig leeren Designergeschäft ein paar hochglanzpolierte Geräte im großzügigen Umfeld, die aber nicht mitgenommen werden können. Ein Hipster zeigt uns am Mac die Software, die wir dann im Grunde online kaufen – keine Regale mit Kartons verpackter Geräte. Dann holt die Kollegin oder der Kollege das gewünschte Gerät aus dem Lager und wir können das neue Macbook gleich mitnehmen, das uns dann hochautomatisiert und selbsterklärend zeigt, wie es bedient werden kann.

Ein weiteres Beispiel des stationären Onlinehandels – hier weitgehend digitalisiert – sind die kleinen Automatenfilialen der Banken. In der Variante gänzlich ohne Personal stehen im Empfang nur Automaten, die sieben Tage die Woche 24 h am Tag verfügbar sind. Zugang erhält man durch seine Bankomat- oder Kreditkarte. Solange es Bargeld gibt, werden diese Automatenfilialen weiterhin so beliebt sein, wie sie sie es aktuell sind. Aktuell ist der Gebrauch dieser Automaten der häufigste Grund, seine Bankfiliale zu besuchen.

Aber zurück zum Erlebnismarkt 2035: Aus technischer Perspektive wird es einen großzügig gestalteten Gastro-Showroom geben, in dem keine Regale mehr stehen, sondern nur noch geringe Mengen an allerdings vielfältigen Produkten vorrätig sind, um diese in Ruhe zu begutachten und sich dann zustellen zu lassen. Damit wird das ehemalige Hochregallager aus den teuren Lagen in den Stadtzentren an einen logistisch optimierten Ort verlegt. Die Öffnungszeiten werden wie beim „echten" Onlinehandel ebenfalls 24/7 möglich sein, da der Showroom rechtlich zum Gastrobereich gehört und das eigentliche Handelsgeschäft mit der Ware ausschließlich online stattfindet.

Zur Lieferung sind auch noch weitere Varianten sinnvoll, ganz nach Wunsch der Kunden und Kundinnen. Neben der Zustellung direkt nach Hause vor die Wohnungstür gibt's auch die Box vor dem Geschäft oder an einem sonstigen Ort nach Wahl, wo der Warenkorb dann steht und abgeholt werden kann.

2035 wird die Zustellung wohl noch nicht ausschließlich mit der Drohne erfolgen, sondern die Zustellenden werden (siehe dazu auch Abschn. 2.4.5) Teil von softwaregesteuerten Teams sein, was ja auch bereits zum aktuellen Zeitpunkt praktiziert wird. Die Leute bekommen die Aufträge auf ihre Datenbrille, zusammen mit allen relevanten Handlungsanleitungen: Was soll bis wann wohin geliefert werden? Wie komme ich dahin? Diese Sachen funktionieren bereits mittels Smartphone-Apps sehr gut und werden weiter ausgereift werden, mit intuitiven User-Interfaces, die selbst für ungelernte Kräfte sofort begreifbar sind. Das Gesamtsystem weiß immer, wer wo ist und optimiert laufend die logistischen Prozesse – wie ein Top-Kellner, der bei jedem Weg immer irgendeine Information, einen leeren Teller oder die Suppe aus der Küche mitnimmt und sich gegenüber seinem weniger umsichtigen Kollegen täglich viele Kilometer Beinarbeit spart.

Wie die Rahmenbedingungen für diese Arbeitskräfte sind, ist auf hohem ethischem Niveau zu verhandeln, hier ist auch die Politik gefordert. Wie bereits seit Jahrzehnten festgestellt wird, gibt es jedenfalls immer genug Leute, die genau das gern machen, junge Leute, Studierende, zum Teil Aussteigende aus Bürojobs, Fahrradfreaks, die den ganzen Tag gern herumfahren, fit bleiben und den Kopf freihaben, um den Tag zu genießen, Zukunftspläne zu schmieden oder abends geistig frisch zu bleiben, um das Onlineseminar zu absolvieren. Es werden die Arbeitgeber bevorzugt, die keinen unnötigen Druck machen und wo es völlig OK ist, mal Pause zu machen und auf einen Cappuccino zu gehen. Kein Job, den man das ganze Leben macht – der aber für einige Zeit durchaus Spaß macht. Zudem ist der Job bei der Bundesbahn von der Lehre bis zur Frührente mit 55 ja ohnehin heute schon Geschichte.

6.1.4   Die zukünftige Ausprägung des Handels

Während beim Beispiel Supermarkt gezeigt wurde, wie sich der Handel zum stationären Onlinehandel weiterentwickelt, wird es im Sinne des selbstfahrenden Unternehmens auch weitere Varianten geben. Am Beispiel GRANOBIZ: Hier wird das Unternehmen zum Teil den Handel beliefern, ein wesentlicher Teil wird aber direkt an die Stammkunden bzw. Endverbraucher gehen. Diese Kunden

sind echte Fans, die zu Markenbotschaftern werden, indem sie bei der Rennrad-
tour in der Gruppe begeistert über ihren individualisierten Sport-Riegel erzählen,
der genau auf ihre Bedarfe an Mikronährstoffen, sekundären Pflanzenstoffen bei
ausgewogenem Verhältnis von leicht verdaubaren, veganen Proteinen, Omega-3
Fettsäuren und langsam freisetzenden Kohlenhydraten zugeschnitten ist.

Dieser Direktvertrieb hat sich bereits in der Geschichte jahrzehntelang bewährt,
wie das Beispiel Tupperware, das seit 1938 eine internationale Erfolgsgeschichte
vorweisen kann, die bis heute anhält. Der Handel erfolgt ohne Zwischenhändler
und es wird eine nachhaltige, enge Beziehung zu den Endverbrauchern aufgebaut, die für eine selbsttätige Weiterverbreitung und laufende Neukundinnen
sorgt. Interessanter aktueller Aspekt: Seit Tupper versucht, einen Onlineshop aufzubauen, gerät das Unternehmen in Schwierigkeiten, da es damit sein eigenes
Erfolgsrezept untergräbt. Hier wurden die Möglichkeiten der Digitalisierung also
nicht richtig genutzt. Wie daher die richtige Form des Handels aussieht, sollte
nicht pauschal gesagt werden und ist von Hersteller zu Hersteller und von Händler zu Händler immer wieder individuell zu entscheiden. Wobei auch im Jahr 2035
immer noch die Bedürfnisse der Kunden entscheiden werden, welche Variante die
beste ist.

In vielen Fällen wird es auf dem Omni-Channel-Prinzip beruhen, mit Direktvertrieb an die Kundschaft, Flagship Stores der Markenhersteller und weiterhin
bestehenden Händlern, die mehrere Marken im Sortiment führen und ein vielfäl-
tiges Shoppingerlebnis schaffen.

Bei erklärungsbedürftigen Produkten ist es auch denkbar, dass online Termine
für persönliche Meetings vereinbart werden. Entweder, die Experten oder Expertinnen kommen auf Wunsch nach Hause oder ins Büro – oder man trifft sich in
einer stationären Filiale, um die Details dieser größeren Geschäfte zu besprechen.
Diese Filiale kann auf Basis eines hohen Digitalisierungsgrades auch flexibel,
also von mehreren Anbietern genutzt werden, wobei Muster entweder vor Ort
z. B. 3D-visualisiert werden oder haptische Teile auch physisch mitgenommen
werden können – bis hin zum Automobil. Das zeigt das Beispiel Tesla, dieser könnte längst rein online vom Endkunden bestellt und konfiguriert werden.
Aber die Menschen wollen hier den Showroom, wollen den Geruch des Leders,
die Beschleunigung des Testwagens spüren und gemeinsam mit einem persönlichen Ansprechpartner ihr E-Car zusammenstellen, der auf Fragen und Wünsche
kompetent und individuell eingeht.

Der Erlebnismarkt wird 2035 auch ein vielfältigeres Sortiment führen, da ja
keine bestehende, physische Ordnung im Hochregallager mehr erforderlich ist.
Auf Wunsch wird jedes Produkt sofort auffindbar sein. So ist es denkbar, dass
der Lieferant mit dem Händler eine neue und agile Beziehung eingeht, indem er

eine bestimmte Ausstellungsfläche mit oder persönlichem Support vereinbart, an dem sich die Konditionen orientieren. Die Standardprodukte haben die Kunden und Kundinnen ja ohnehin schon im Warenkorb, es wird also dem Neuen und Besonderen mehr Aufmerksamkeit geschenkt werden, wodurch der Eintritt neuer Anbieter erleichtert wird, z. B. auch kleiner, regionaler Anbieter, Bio-Landwirten, die ihr Angebot im Erlebnismarkt vor Ort verkaufen können und gleichzeitig von der Onlinepräsenz der großen Handelsketten profitieren.

Mit der Automatisierung verändert sich auch die physische Struktur der Unternehmen. Ich erinnere mich daran, wie ich im Empfangsbereich einer großen österreichischen Bank gestanden und beobachtet habe, wie ein aufgebrachter Kunde sich bei der entsprechenden Online-Direktbank beschweren wollte, deren Trägerorganisation diese traditionelle österreichische Bank ist. Natürlich konnte er nicht in die entsprechende Abteilung geschickt werden, denn diese bestand nur in einer Handvoll Programmierer, welche die Website und das System betreuen. Die Direktbank sah keine Möglichkeit vor, sich persönlich mit einem Betreuer zu besprechen. Dadurch konnten aber die Produkte mit niedrigeren Preisen angeboten werden. Es wird noch einige Jahre dauern, bis sich Konsumierende an die zwei Varianten an Serviceleistungen gewohnt haben. Es wird die hochpreisigen Serviceangebote geben und die günstigen Online-Only-Angebote. Beide Varianten haben ihre Rechtfertigung am Markt. Die Menschen müssen jedoch erfahren, was für Vor- und auch Nachteile sich aus beiden Angeboten ergeben. Der Preis wird immer mehr in den Hintergrund gerückt, da Service und Qualität in der Wertvorstellung an Priorität gewinnen.

6.2   Interaktion mit Partnern und Lieferanten

Die Beziehung zu den Partnern und Lieferanten in der selbstfahrenden Organisation ist erheblich vom Ausmaß gesteuert, in dem dieses Unternehmen selbstfahrend ist. Zunächst gehen wir davon aus, dass auch alle gewählten Partner über diesen Status verfügen. Die Ausschreibungen für Serienmaterial erfolgen dann vollkommen automatisiert über eProcurement-Plattformen. Diese Systeme entscheiden intelligent über das zu beschaffende Material und den idealen Hersteller bzw. Lieferanten.

Der menschliche Beitrag bei der Interaktion mit Partnern und Lieferanten liegt vor allem im Herstellen des Erstkontaktes und dem Aufbau einer persönlichen Beziehung, sowie im Ausverhandeln der Rahmenbedingungen für die Kooperation. In weiterer Folge übernimmt das selbstfahrende Unternehmen aufgrund der

aktuellen Bedarfe die Abwicklung sämtlicher Agenden innerhalb des Rahmen-
vertrages. Das bedeutet auch, dass es in Zukunft immer Menschen gibt, die im
Verkauf wie auch im Einkauf mit persönlichem Einsatz, mit Fachwissen, Charisma und Empathie tätig sind. Dort und bei größeren Einzelbeschaffungen wie
Industriemaschinen wird es also weiterhin „menscheln". Bei Seriengütern wie
Schrauben und Commodities hingegen wird der Einkauf vollkommen automatisiert erfolgen. Hier werden aufgrund der Möglichkeiten des Global Sourcing
zunehmend die vielfältigen Angebote kontinuierlich mit digitalen, lernfähigen
Agenten erfasst und ausgewertet, um die für das Unternehmen beste Entscheidung
zu treffen.

Die Beschaffung wird also digital getrackt, so wie auch der oben beschriebene Vertriebsprozess digital getrackt wird. Mit dem Zeitpunkt der Beschaffung
sind bereits in Echtzeit sämtliche daran geknüpfte Aktivitäten voll automatisiert
geregelt, vom Lagerplatz über die Produktionskapazität – und im Falle der Weiter-
verarbeitung eines Investitionsgutes bis hin zum Liefertermin an die Kundschaft.
Der Bestellung wird z. B. ein QR-Code zugeteilt, mit dem die Güter versehen
werden und mit dem sie in Folge auf ihrem Weg durch das Unternehmen verfolgt werden können. Menschen werden hier kaum bis gar nicht mehr erforderlich
sein, bis hin zur Rechnungslegung. Diese wird ebenfalls voll automatisch erstellt
und freigegeben, da die eingesetzte, mit allen betrieblichen Funktionen vernetzte
Software laufend über sämtliche Informationen über Qualität und Umfang der
erbrachten Leistung seitens der Lieferanten verfügt.

Dass Rechnungen von mehreren Verantwortlichen geprüft, unterschrieben und
freigegeben werden müssen, wird längst Geschichte sein. Denn im Grunde wird
bereits heute mit der Bestellung akzeptiert, dass bei einer korrekten Lieferung in
Folge eine Rechnung zu begleichen ist, egal ob es 10.000 t Stahl sind oder der
Malerbetrieb das Büro neu streichen soll.

In Folge der volldigitalen und fehlerfreien Erfassung aller Bestellungen kann
im Unternehmen auch nur eine Lieferung eingehen, wenn eine Bestellung vor-
liegt. Eine Fehllieferung wird sofort vom System erkannt und abgewiesen. Mit
der zusätzlichen Bestbieteranalyse steigt damit die Sicherheit für das beschaffende
Unternehmen wie auch für seine Partnerunternehmen.

Für die Abwicklung dieser Transaktionen wird es eProcurement-Plattformen
geben, die in Ansätzen auch heute schon existieren, wie zum Beispiel Ariba von
SAP, mit der bis hin zur automatisierten Rechnungslegung die Beschaffung digitalisiert wird. Dadurch erhalten die Unternehmen Vorteile hinsichtlich Konditionen,
Sicherheit und Liquidität, bei gleichzeitiger Einsparung von Personalkosten. Es
ist kein Zufall, dass ausgerechnet die Beschaffung mit ihren Folgeeffekten im

Unternehmen bereits heute teilweise digitalisiert ist, denn diese ist einer der bestdefinierten betrieblichen Funktionen.

Die selbstfahrenden Unternehmen 2035 brauchen unternehmensübergreifende eProcurement-Plattformen, mit denen sich die unterschiedlichen ERP-Lösungen untereinander reibungslos und verlustfrei austauschen können. Hier wird bereits intensiv an Prototypen gearbeitet, es sind daher bereits in den nächsten Jahren erhebliche Entwicklungssprünge zu erwarten.

Vorausgesetzt, das selbstfahrende Unternehmen mit seinen digitalen Einkaufs-plattformen funktioniert, wird es in weiterer Folge an der Zuverlässigkeit der Lieferanten liegen, wie gut der Einkauf und in Folge alle weiteren betrieblichen Funktionen erfüllt werden. Damit wird die Zuverlässigkeit der Partnerunterneh-men einen besonders hohen Stellenwert einnehmen und an Relevanz für die Beschaffungsentscheidungen gewinnen.

Aufgrund der hohen Transparenz über die Unternehmensgrenzen hinweg wer-den daher unzuverlässige und technologisch rückständige Lieferanten sehr schnell vom Markt verschwinden bzw. von ihren Konkurrenten aufgekauft. Denn für das digitale, selbstfahrende Unternehmen bedeutet eine Leistungsstörung einen punktuellen Rückfall in das analoge System, das Problem muss also wieder von Menschen und per Hand gelöst werden.

Hier liegt der Vergleich mit dem selbstfahrenden Auto nahe, wo in einem Aus-nahmefall, auf den das Fahrzeug nicht programmiert ist sehr wohl der Mensch eingreift und das Fahrzeug stoppt oder wieder auf Spur bringt – wenn auch die ferne Zukunft in der vollständigen Bewältigung sämtlicher Routine- wie auch Ausnahmesituationen liegt. Denn der Mensch handelt auch im Verkehr mit einer hohen Fehlerquote. So zeigt zum Beispiel die Praxis, dass Geisterfahrer, wenn sie merken, dass sie falsch auf eine Autobahn aufgefahren sind, das Fahrzeug nicht stoppen oder zur Seite fahren, wie es richtig wäre. Aufgrund ihres Schockzu-standes sind sie nicht fähig, eine Entscheidung zu treffen. Das bedeutet, dass sie ihr fatales Verhalten beibehalten und mit gleicher Geschwindigkeit auf derselben, falschen Spur weiterfahren. Eine Maschine würde diesen Fehler sofort erkennen und ohne Emotionen, streng rational die richtige Entscheidung treffen – bzw. erst gar nicht falsch auffahren.

Während der Irrtum beim Geisterfahrer katastrophale Folgen haben kann, kann Irren jedoch im Sinne von Trial and Error nützlich sein und die Grundlage für neue Ideen darstellen. Wo sinnvoll, soll also der Mensch auch weiterhin kon-struktiv irren dürfen; wie bereits beschrieben eine Eigenschaft, die er besonders gut beherrscht.

Die Unternehmenslandschaft wird sich bis 2035 strukturell verändern. Die Zahl der Monopolisten wird zunehmen, wie auch jene der Nischenanbieter. Entweder, sie haben alles, wie heute Amazon – oder sie bieten Spezialprodukte an, wodurch sie nicht austauschbar sind und evtl. auch ein geringeres Ausmaß der Automatisierung akzeptiert wird.

Aufgrund der erheblichen Investitionen in eine neue Softwareinfrastruktur werden es größere Unternehmen sein, die in einer bestimmten Branche eine Vorrangstellung erreichen und daher viele kleine Unternehmen übernehmen, die dazu technologisch nicht in der Lage sind.

Das zweite Szenario, die Nutzung von Nischen, die von einzelnen oder mehreren kooperierenden kleinen Anbietern erschlossen werden, ermöglicht neue Formen von Kooperationen. Diese werden aufgrund der zunehmenden softwaregestützten Möglichkeiten erleichtert. Je nach Auftrag wird auf dieser Grundlage entschieden, ob dieser allein oder im Verbund mit Kooperationspartnern abgewickelt werden kann.

Die komplette Supply Chain, von der Bestellung bis zur Auslieferung des fertigen Produktes, wird bis 2035 voll digitalisiert und automatisiert sein. Auch heute schon wird mit dem Erwerb vieler Produkte ein elektronischer Account aktiviert, über den eine Übersicht über die aktuelle Bestellung, über mögliche zusätzliche Features, über den Produktions- und Lieferstatus oder die Lieferung von Ersatzteilen auf bequeme Weise ermöglicht wird. Ebenso erfolgt die Verrechnung zunehmend auf rein digitaler Basis. Zum Beispiel wird bei den Telekommunikationsunternehmen die Leistung bereits voll digitalisiert erstellt und abgerechnet, selbst die Zusendung des PDFs der Rechnung beruht auf einem vollständig digitalisierten Prozess, in den kein Mensch mehr manuell eingreifen muss.

Sämtliche interne und externe Daten werden laufend erfasst und im Sinne der Unternehmensziele in intelligenten Netzwerken verarbeitet. Dabei werden z. B. auch politische Veränderungen, Naturkatastrophen, Rohstoffengpässe oder Preisschwankungen erfasst und agil gemanagt. Das Kundenfeedback wird nicht nur aus den vollständigen Daten über die Nutzung von Produkten und Services, sondern auch aufgrund von Reaktionen in Social Media erfasst und fließt in die weitere Gestaltung der Leistungen des Unternehmens ein, wie in das inhaltliche Produktdesign oder die Berechnung künftiger Nachfragen bei sämtlichen relevanten Standorten. Gibt es Störungen in der Produktion, wird diese entweder automatisiert beseitigt oder es erfolgt eine exakte Meldung an die zuständigen Experten oder Expertinnen, die über eine interaktive Benutzeroberfläche den Echtzeitstatus und mögliche Interventionen erhalten und entsprechend rasch und zielsicher agieren können.

Gibt es ein Problem, wird also der Großteil der Lösung über die bereichs-übergreifende Online-Plattform abgewickelt. Der Faktor Mensch wird über das Angebot von Chats oder die telefonische Servicehotline bereitgestellt, wobei zu bemerken ist, dass die Unternehmen bemüht sind, diesen Anteil weiter zu verringern.

Es ist nachvollziehbar, dass diese in Teilbereichen auch weiterhin gewünschte menschliche Interaktion vor allem in den Bereichen ermöglicht wird, wo die Marge entsprechend hoch ist, also bei erklärungsbedürftigen, hochpreisigen Produkten, sowohl im B2B- wie auch im B2C-Bereich.

6.3   Die Wertschöpfung in der selbstfahrenden Organisation

Die Wertschöpfung hat mehrere Dimensionen, so gibt es verschiedene Typen. Grundsätzlich kann unter Wertschöpfung all das verstanden werden, was dazu beiträgt, Umsatz zu generieren, das sind in den meisten Unternehmen nach dem Business Model Canvas (Joyce/Paquin 2016):

- Unique Selling Proposition, also die einzigartigen Verkaufsvorteile
- Schlüsselressourcen
- Schlüsselaktivitäten

Grundsätzlich erzeugt jedes Unternehmen ein Produkt. Ob das ein physisches Produkt oder eine Dienstleistung beziehungsweise ein virtuelles Produkt (wie zum Beispiel einer Bank) ist, spielt in diesem Zusammenhang keine Rolle. So ist etwa ein Kredit ein hochgradig virtuelles Produkt, denn es wird ja kein Geld von der Bank zum Kunden in physischer Form transferiert, sondern es werden nur bestimmte Rechte und Pflichten vereinbart – wie auch bei einem Amazon-Prime-Abo bestimmten Parteien Zugriffsrechte erteilt werden. Hingegen werden Autos, Getränke und Möbel weiterhin physische Produkte bleiben, so wie der Haarschnitt und die Physiotherapie Dienstleistungen bleiben werden.

Während physische Produkte als fertiges Gewerk verrechnet werden, kommen bei den Dienstleistungen zumeist die damit verbundenen Aufwendungen wie die erforderliche Zeit und der Materialaufwand zum Tragen. Komplexer und weniger durchschaubar ist die Verrechnung von virtuellen Produkten, hier sind grundsätzlich keine Grenzen gesetzt.

Unabhängig davon, um welche Kategorie von Produkt es sich handelt, muss das selbstfahrende Unternehmen sämtliche mit der Erstellung oder Fertigung des Produktes verbundenen Leistungen planen, erfassen und steuern. Betrachtet man die industriellen Revolutionen, so war diese stets von der Steigerung der Wertschöpfung getrieben. So erbrachte die Erfindung der Dampfmaschine gewaltige Fortschritte bei der Logistik: Plötzlich haben Maschinen den Transport erledigt. Es waren keine langsamen Menschen oder Pferdefuhrwerke und Ochsenkarren mehr erforderlich, die sich mit dem Transport von Stahlteilen oder fertigen Waren abgemüht haben. Im Zuge der zweiten industriellen Revolution setzte sich der Siegeszug der Maschinen in der Fertigung durch, auf Grundlage der Serienfertigung wurden die Fabriken völlig neu strukturiert. Der Taylorismus steigerte aufgrund von Berechnungsmethoden erneut die Wertschöpfung und veränderte das Rollenbild der Menschen und den Fabriken. Diese arbeiteten stationär und führten immer schneller wieder gleiche Handgriffe am Fließband durch.

Die dritte industrielle Revolution sorgte mit der Digitalisierung dafür, dass nicht nur körperliche Tätigkeiten, sondern auch geistige Tätigkeiten von Maschinen übernommen wurden. Damit entstanden vielfach neue, monotone Tätigkeiten, wenn z. B. Manager mittels Excel immer wieder gleiche Auswertungen durchführen.

Heute ist die vierte industrielle Revolution, Industrie 4.0, drauf und dran, erneut die Wertschöpfung zu steigern, indem koordinative und kommunikative Prozesse, die früher von Sachbearbeitern oder dem mittleren Management langsam und fehleranfällig erledigt wurden, automatisch und in Echtzeit abgewickelt werden. Damit erfolgt erneut eine erhebliche Beschleunigung aller Prozesse, bei gleichzeitiger Schaffung einer erheblichen Transparenz im Unternehmen.

Das selbstfahrende Unternehmen geht noch einen Schritt weiter und sorgt dafür, dass Produkte vollkommen automatisiert gefertigt werden – und isolierte, lineare Prozesse zu ganzheitlich vernetzten, mehrdimensionalen Funktionen transformiert werden. Die Kosten für die Fertigung beruhen hauptsächlich auf den einmal getätigten Investitionen und dem laufenden Energie- und Materialaufwand, während die Personalkosten drastisch reduziert werden.

Der Treiber der vierten industriellen Revolution ist also vor allem die Verbesserung der Wertschöpfung bei gleichzeitiger Senkung der koordinativen Kosten. So wie die Dampflokomotive, die Serienfertigung und der PC für den Mitarbeiter erhebliche Fortschritte für jene Unternehmen erbrachten, die bereit waren, in neue Technologien zu investieren, sind jene Unternehmen verschwunden, die versucht haben, an den alten Methoden festzuhalten, wie z. B. das Mühlensterben der 1930er Jahre dokumentiert.

So ist auch davon auszugehen, dass die Möglichkeiten der kognitiven Software Treiber für den Erfolg jener Unternehmen sein werden, die sich auf diese Technologien einlassen und bereit sind, die entsprechenden Veränderungen in ihren Unternehmen zuzulassen.

Ein Pionier auf dem Weg zum selbstfahrenden Unternehmen ist Elon Musk. Während die anderen Autohersteller teilweise auf Grundlage von völlig veralteten Technologien ihre Fertigung adaptieren, ging der Tesla-Hersteller einen völlig anderen Weg. Er wollte keine Fabrik bauen, sondern eine Fabrik programmieren. Der einfache Grundgedanke: Was ich einmal programmiert habe, kann ich in Folge ganz leicht verändern. Die dabei eingesetzten Robotersysteme sind dabei so flexibel, dass sie die Veränderungen jederzeit mittragen können. Der Erfolg gibt Elon Musk recht. Seine Fabriken sind imstande, sich hochgradig auf stark steigende Absätze einzustellen, sie „skalieren" also wie ein virtuelles Internet-Start-up, wie z. B. WhatsApp oder TikTok.

Auf Grundlage dieses Prinzips kann Elon Musk seine zunächst ab 2014 in Nevada errichtete Gigafactory kopieren und an jeglichen anderen geeigneten Standorten errichten.

6.3.1   Forschung und Entwicklung

Während die Wertschöpfung im selbstfahrenden Unternehmen hochgradig automatisiert wird, wird die Forschung und Entwicklung von neuen Produkten auch weiterhin ein Aufgabengebiet für Menschen sein. Allerdings werden diese Forschung und Entwicklung von einer Fülle von Informationen vorangetrieben. Diese Informationen werden aus sämtlichen Bereichen des Unternehmens, den Kundenkanälen, dem Internet und sämtlichen vernetzten Partnerorganisationen in nie da gewesener Menge und Qualität bereitgestellt werden.

Die Menschen werden weiterhin entscheidende und steuernde Funktionen in diesem Forschungs- und Entwicklungsprozess ausüben. Aufgrund der Daten aus sämtlichen Bereichen des Unternehmens, von der Fertigung bis hin zum Kundenverhalten, sind jedoch auf Grundlage von Künstlicher Intelligenz Simulationen und Modellierungen möglich, die bisher in aufwendiger Handarbeit kreiert und hergestellt werden mussten.

Aber Vorsicht: Schon Henry Ford erkannte, dass eine gute Marktforschung allein noch kein gutes Produkt hervorbringen muss. „Hätte ich die Leute gefragt, was sie wollen, hätten sie gesagt: schnellere Pferde!" So geht es darum, nicht nur eine Entwicklung linear fortzuschreiben, sondern völlig neue Ansätze zu kreieren und dann auszuprobieren, wie gut diese von den Kunden und Kundinnen angenommen werden beziehungsweise mit welchem Aufwand sie hergestellt werden können. Der kreative Funke wird also noch längere Zeit von den Menschen kommen, er wird dann auf die Künstliche Intelligenz überspringen, die ihrerseits sämtliche Simulationen in nie da gewesener Geschwindigkeit und Qualität erstellt. Ein Beispiel aus der jüngeren Vergangenheit ist die Erfindung der Kaffeekapsel. Die lineare Fortschreibung der bestehenden Technologie wäre eine weitere technische Verbesserung des Vollautomaten gewesen, indem noch mehr mechanische Elemente und Software verbaut wird, um die Kaffeequalität, Bedienbarkeit, Wartung und Reinigung zu verbessern. Mit der Kaffeekapsel kam es stattdessen zu einer radikalen Neudefinition des Herstellungsprozesses von Kaffee. Die Kapsel erhält das Aroma in höchster Qualität, die Maschine muss lediglich den erforderlichen Wasserdruck aufbringen und wird nicht mehr von den Kaffeerückständen verunreinigt, die Wartung und Reinigung ist einfacher denn je.

Es geht also auch in Zukunft darum, durch Menschen komplexe und bis dato schwer fassbare Phänomene in diese Ideen einzubringen, wie zum Beispiel den „Zeitgeist" oder mögliche Risikoszenarien. Weil er das manchmal vernachlässigte, scheiterte einst auch der Industriepionier Henry Ford. Im September 1957 launchte er ein neues Automobilprodukt, den „Edsel", der aufgrund neuer Ideen entwickelt wurde. Damit führte er eines der seltsamsten Autos Amerikas ein, mit einem Kühlergrill in Form eines Pferdehalsbands – von den Leuten mit einem Toilettensitz gleichgesetzt – einem „schwebenden" Tacho, der bei Erreichen einer bestimmten Geschwindigkeit leuchtete und einem umständlichen Druckknopfgetriebe mit Bedienelementen, die an der Nabe des Lenkrads angebracht waren. Von den Verbrauchern wurde die Edsel-Linie völlig abgelehnt. Mit der Erwartung, im ersten Produktionsjahr 200.000 Edsels zu bauen, wurden nur 63.000 gefertigt. Selbst mit einer schnellen Überarbeitung, die rechtzeitig für das nächste Modelljahr abgeschlossen war, strauchelte der Edsel nur einen Monat nach der Veröffentlichung der Fahrzeuge. Ebenso ging es im dritten Modelljahr weiter und schließlich wurde der Edsel völlig aus dem Verkehr gezogen. Dieses Beispiel zeigt schön, dass aufwendige Planung, langwierige Markterhebung und signifikanter Einsatz an Expertise nicht immer zum gewünschten Produkterfolg führen.

Diese Regel wird auch im selbstfahrenden Unternehmen gelten. Dennoch wird es Produktinnovationen geben und diese werden nach dem Prinzip des „Fail-Fast" evolutionär entwickelt. Im selbstfahrenden Unternehmen werden unzählige parallele Produktideen generiert und nachverfolgt. Ein früher und rascher Marktstart ist für diese Vorgehensweise existentiell. Sehr frühe Entwicklungsstadien an Produkten werden mit einzelnen Kundengruppen erprobt. Zahlreiche Produktvarianten werden parallel an unterschiedlichen Referenzgruppen getestet. So erhält man rasch eine große Datenbasis an Rückmeldungen zum Produkt und beziehend auf die einzelnen Variationen. Im Labor können diese Daten ausgewertet werden und die ideale Produktvariante gestaltet werden. Das „Fail-Fast" Prinzip ermöglicht das Testen von unterschiedlichen Ansätzen, da diese nicht künstlich am Leben gehalten werden. Nur wenn der gewünschte Erfolg absehbar ist, wird eine Produktidee weiterverfolgt. Alle bisherigen Varianten und Ideen werden rasch bewertet und dann nicht weiterverfolgt.

6.3.2   Produktions-Forecasting und Planung

Mit der gezielten Erfassung, Analyse und Aufbereitung von Marktdaten wurde Michael Bloomberg zu einem der reichsten Menschen der Welt, mit einem Vermögen von etwa 60 Mrd. Dollar. Der unermessliche Wert seiner Daten für die Kunden beruht in der verbesserten Planbarkeit ihrer Investitions- und Produktionsentscheidungen, indem sie diese Analysen mit den internen Daten beziehungsweise der Situation des Unternehmens abgleichen.

Aufgrund der rascheren Veränderungen auf den globalen Märkten werden diese Datenanalysen in den weiteren Jahren an Bedeutung gewinnen. Während der Prozess in den meisten Unternehmen noch von Menschen durchgeführt wird, zum Beispiel vom CFO, den Chief Financial Officer, der seine Analysen in Folge mit dem CEO bespricht, wird dieser Prozess aufgrund der Möglichkeiten von Künstlicher Intelligenz und Big Data Analytics zunehmend automatisiert. Damit liegt in weiterer Folge eine Planungsgrundlage vor, mit der die Aktivitäten in der Produktion sowie in der Zusammenarbeit mit den Zulieferern abgestimmt werden können. Während Einkaufs- und Personalentscheidungen heute noch auf Grundlage vielfältiger Planungsgespräche und Vertragsverhandlungen erfolgen, kann dies im selbstfahrenden Unternehmen mit übergreifender Planung von Vertrieb und Produktion weitestgehend ohne menschliches Zutun erfolgen.

Eines der wichtigsten Fokusthemen für die kommenden Jahre in der Wertschöpfung wird die Vorhersage der zukünftigen Produktion sein. Zusätzlich zu den Marktdaten müssen die Vertriebsplanung und die aktuellen Vertriebszahlen in die vorausschauende Planung der Produktionskapazitäten einfließen. In bisherigen Unternehmen wäre dieser Vorgang aufgrund der Silo-Bildung der Abteilungen und der unterschiedlichen Datentöpfe unmöglich. Im selbstfahrenden Unternehmen sind alle Unternehmensdaten für alle Betroffenen und alle Softwaresysteme im Unternehmen abrufbar. Die Vertriebsprozesse sind standardisiert und die Daten dafür liegen digitalisiert vor. So kann die Produktion auf die mit Wahrscheinlichkeiten versehenen Vertriebs-Pipelines zugreifen und danach die Produktionskapazitäten und Lagerbestände mittels intelligenter Algorithmen einplanen. Leerläufe oder Schwankungen in der Produktion werden durch intelligente Algorithmen frühzeitig erkannt und durch Feedback-Loops zurück in den Vertrieb automatisch abgefedert.

6.3.3 Automatisierung der Produktion

Nicht alle Kernprozesse werden sich im Zuge der Digitalisierung mittels Künstlicher Intelligenz grundlegend verändern. So wird der Produktionsprozess von Stahl im Wesentlichen auch weiterhin nach dem bewährten Schema erfolgen – und eine Kuh wird auch in Zukunft am besten frisches Gras fressen, um gesund heranzuwachsen. Diese Produktionsformen werden lediglich von der Technologie unterstützt und optimiert werden, vor allem wenn die Produktionseinheiten eine gewisse Größe aufweisen. Diese Größenordnungen können auch durch den Zusammenschluss kleinerer Produktionseinheiten geschaffen werden, wie das aktuell zum Beispiel für Landwirte durch den „Maschinenring" oder ähnliche Kollektive ermöglicht wird. Speziell, wenn man bedenkt, dass eine selbstfahrende Landmaschine mehrere Millionen Euro wert sein wird und sich das ein einzelner Bauer nicht mehr leisten können wird. Der Zusammenschluss lässt dennoch eine Produktivität zu, mit der man am Markt kompetitiv bleibt.

Spannend wird die Entwicklung im Bereich der Dienstleistungen: Es ist davon auszugehen, dass einige Services vollkommen vom Markt verschwinden, wiederum aber neue entstehen werden. Die Taxifahrer, die ohnehin aufgrund der Konkurrenz von Uber um ihre Existenz fürchten müssen, werden sich in den nächsten Jahren nach neuen Jobs umschauen müssen. Die Zukunft der Taxis und LKWs liegt in den selbstfahrenden Systemen, die bereits zum aktuellen Zeitpunkt einen hohen Entwicklungsstand erreicht haben und aufgrund der dramatisch steigenden Rechnerleistungen und der damit verknüpften Verbesserungen im Bereich der Künstlichen Intelligenz – Stichwort Mustererkennung – bald den Menschen bei der Fahrsicherheit übertreffen werden. Dazu werden die selbstfahrenden Autos weitere intelligente Funktionen innehaben. Sie werden sich, ans Netz angeschlossen selbst den billigsten Stromanbieter aussuchen, oder den Solarstrom vom Dach ihres Besitzers einspeisen. Nachdem sie diesen in der Früh ins Unternehmen gebracht haben, werden sie über einen Personentransport-Service „arbeiten" und andere Leute transportieren. Damit stehen sie nicht sinnlos herum, sondern verdienen für ihre Besitzer Geld. Der Mensch wird im Personentransport der Zukunft Anbieter von hochwertigen empathischen Leistungen sein. Ein Szenario könnte sein, das Menschen als Fremdenführer im Auto sitzen und den Gästen spannende Geschichten über die Stadt und ihre Sehenswürdigkeiten erzählen. Viele persönliche Dienstleistungen werden also auch in Zukunft von Menschen durchgeführt werden – und dies auf höherem Niveau denn je. Auch andere Dienstleistungen werden sich drastisch verändern. So gibt es jetzt bereits Roboter, die den Menschen die Haare schneiden. Jene, die es sich leisten können werden allerdings auch in Zukunft ihre Haare von ihrem Friseur trimmen lassen, ein Gläschen Aperol trinken und über das neue eröffnete Restaurant gleich ums Eck plaudern. Die Kosten dafür werden jedoch ein zigfaches der automatisierten Dienstleistung betragen.

Ein spannender Trend ist die Transformation von der Dienstleistung hin zum virtuellen Produkt. Früher mussten wir noch einen Experten oder eine Expertin fragen, wenn wir zu einem bestimmten Thema Details erfahren wollten – heute nehmen wir das Handy, schauen bei Wikipedia nach oder sehen uns ein YouTube-Video an, wenn wir es nicht schaffen, den Kinderwagen so zusammenzulegen, dass er in den Kofferraum passt.

Physische Produkte werden hingegen in geringerem Ausmaß zu virtuellen Produkten werden. Davon auszugehen ist, dass nur Teile dieser physischen Produkte virtualisiert bzw. mit virtuellen Services ausgestattet werden. Aufgrund des vergleichsweisen billigen Elektromotors, ohne hunderte komplizierte, bewegte, verschleißbare Kleinteile und Getriebekomponenten wird das physische Produkt Auto immer günstiger, während immer mehr intelligente Software verbaut wird. Das zeigt das aktuelle Beispiel des IQ Drive bei Volkswagen, das sind intelligente Fahrassistenzsysteme, die die Sicherheit und den Komfort beim Fahren erhöhen. So können heute schon alle Funktionen mit Spracheingabe gesteuert werden, das Herumdrehen von Knöpfen während der Fahrt wird bald Geschichte sein, bis der Fahrer oder die Fahrerin völlig verschwindet. Die Wertschöpfung beim Automobil wird daher immer mehr von der verbauten Software geschaffen – unter anderem auch, weil die Fertigung des physischen Autos der Zukunft durch die Vollautomatisierung immer günstiger wird.

6.3.4   Robotik und digitale Zwillinge

Während in den Fabriken heute eine Vielzahl einzelner programmierbarer Roboter im Einsatz ist, wird die Zukunft – wie am Beispiel der Gigafactory von Elon Musk gezeigt – die komplett programmierbare Fabrik sein. Die physische Arbeit wird von standardisierten, hochflexiblen Robotern ausgeführt. Heute gibt es noch vor allem den programmierbaren Roboterarm, im Grunde eine gute Sache, allerdings ist dieser Arm stationär. Aktuell sind es vor allem die Menschen, die sich in der Fabrik aufgrund der aktuellen Bedarfe bewegen, immer mehr gestützt von automatisierten Logistiksystemen.

Die Fabrik der Zukunft wird aufgrund der aktuellen Erfordernisse von Algorithmen laufend neu konfiguriert und programmiert. So werden die Roboter laufend dort zum Einsatz kommen, wo sie gerade gebraucht werden. Die inhaltlichen Anleitungen, wie die einzelnen Arbeitsschritte aussehen, werden ebenso automatisiert aufbereitet, zum Beispiel mittels so genannter Digital Twins.

Der Digital Twin ist die virtuelle Kopie der physischen Objekte. Der Begriff wurde 2002 von Michael Grieves geprägt. Er entwickelte das Prinzip, mittels virtueller Replikation ein neues Niveau an Qualität bei der automatisierten Fertigung zu erreichen. So sind digitale Zwillinge imstande, die Lücke zwischen der realen und der virtuellen Welt zu schließen, indem sie Daten von installierten Sensoren am realen Objekt in Echtzeit erfassen und mit dem virtuellen Zwilling verbinden. Die Daten des „Originals" werden in einer virtuellen Kopie dieser physischen Objekte ausgewertet und simuliert. So wird z. B. der Wartungsvorgang an einer Maschine erfasst und sofort digitalisiert. Die gesammelten Daten können entweder lokal, dezentralisiert oder in einer Cloud gespeichert werden. Diese digitalen Zwillinge werden bei der Weiterentwicklung von Herstellungs-, Wartungs- und Instandhaltungsprozessen unersetzlich werden. Immer mehr Funktionen der programmierbaren Fabrik werden auf der Verwendung virtueller Replikate des Produkts basieren, vor allem auch, weil die Rechnerleistung zunehmen wird.

So wird auch die Kommunikation und Interaktion zwischen Roboter und Mensch auf Grundlage von Algorithmen und Deep Learning ermöglicht und im Jahr 2035 völlig normal sein. Wie von Volkswagen bei IQ Drive umgesetzt, verfügen schon heute viele Haushalte in China über Assistenzsysteme, mit denen die haustechnischen Funktionen mittels einfacher Spracheingabe gesteuert werden können. Zur Autorisierung wird die Stimme erkannt. Teilsysteme, wie die Heizung, Kühlung, Fensterläden, Belüftung oder Staubsauger werden so zu einem intelligenten Zuhause miteinander vernetzt, dem Besitzer und Besitzerinnen ihre aktuellen Wünsche und Bedürfnisse mitteilen können.

6.3.5 Automatisierte Lagerhaltung

Automatische Lagersysteme funktionieren im Prinzip auch wie Roboter, die bestimmte Arbeitsaufgaben erledigen. Bei einem automatisierten Lagersystem werden Funktionen wie das Ein-, Aus-, und Umlagern der Güter selbstständig ausgeführt, die Kommissionierung erfolgt nach dem Prinzip „Ware-zum-Mann". Die

Artikel werden dabei mittels automatischer Fördertechnik direkt zum Kommissionierer geführt. Diese Person wird in Zukunft ein Roboter sein. Automatisierte Lagersysteme weisen gegenüber den traditionellen Lagern vielfältige Vorteile auf, die erheblich zur langfristigen Kostensenkung beitragen: Sie benötigen weniger Fläche, sparen Energie und verkürzen die Wege, da die Algorithmen laufend die günstigste Gesamtlösung berechnen. Weitere Vorteile sind kürzere Zugriffszeiten und eine integrierte Materialflusssteuerung.

Durch die Automatisierung der Lager werden darüber hinaus in der Übergangszeit zum selbstfahrenden Unternehmen 2035 die Lagermitarbeitenden von körperlich schweren und monotonen Arbeitsschritten entlastet – und die immer wieder von Menschen verursachten Fehler werden auf ein Minimum reduziert.

Die Basis automatischer Lagerverwaltungssysteme sind robuste und langlebige Konstruktionen, eine dynamische und energieeffiziente Technik sowie eine cloudbasierte Lagerverwaltungssoftware (Warehouse Management Software), die sämtliche Abläufe steuert und verwaltet. Das Lagerverwaltungssystem ist von zentraler Bedeutung für die Kontrolle der Systembestände und die Steuerung des Materialflusses. Es wird deshalb auch als „Herzschrittmacher eines Lagers" bezeichnet.

Im selbstfahrenden Unternehmen ist das Lager vollständig an alle weiteren betrieblichen Funktionen angebunden und es erfolgt eine laufende wechselseitige Echtzeit-Abstimmung, z. B. werden Bestellungen automatisch ausgelöst, Rechnungen virtuell gelegt und dem Controlling stehen aufgrund der laufenden Inventur sämtliche aktuellen Daten zur Verfügung, anhand derer wiederum Entscheidungen getroffen werden können, wie zum Beispiel das Ausverhandeln neuer Lieferverträge mit neuen Partnern.

Das selbstfahrende Unternehmen weiß damit exakt, was in der letzten Periode – vom Jahr über das Quartal bis zur letzten Sekunde – verkauft wurde und mit welchen Bedarfen in der folgenden Periode zu rechnen ist, indem es die internen Daten mit externen Daten und Prognosen verknüpft. Je nach Wunsch der Geschäftsleitung können auf dieser Basis Hinweis- oder Warnmeldungen eingestellt werden, um etwaige Änderungen an dem sonst völlig selbstfahrenden Lager durchzuführen, wenn diese außerhalb der Systemgrenzen liegen.

Das Beispiel der automatisierten Logistik zeigt damit sehr gut, wie die starren Grenzen innerhalb des Unternehmens, wie auch gegenüber der Umwelt des Unternehmens bei einem selbstfahrenden Unternehmen aufgebrochen werden, zugunsten eines hybriden und in Echtzeit anpassbaren Gesamtorganismus, der vollständig mit allen relevanten Akteuren vernetzt ist. Diese Interaktion wird umso besser, je mehr es sich dabei ebenfalls um selbstfahrende Unternehmen beziehungsweise auch Organisationen handelt – zum Beispiel das selbstfahrende

Logistikunternehmen, von dem es mit den aktuellen logistischen und produktbe-
zogenen Lieferinformationen versorgt wird, um wiederum alle Prozesse der neuen
Situation hinsichtlich des Gesamtoptimums anzupassen.

Die Erfahrungen in den analogen Unternehmen zeigen, dass entgegen des
Gesamtoptimums Teile von Unternehmen stets dazu tendieren, nur das Optimum
ihrer Abteilung anzustreben und damit insgesamt das Ergebnis verschlechtern.
Grund sind zutiefst menschliche Emotionen, blinder Ehrgeiz, Profilierungssucht,
Neid, Missgunst, Karrierestreben oder Engstirnigkeit. Dieser Drang ist oft intern
bestens bekannt, Grund für Konflikte, unzureichende Kommunikation und das
Zurückhalten wertvoller Informationen. Bestenfalls kommt es einmal im Jahr zu
einem Workshop, wo dieses Fehlverhalten zum Teil aufgedeckt wird, bis dann
nach zwei Wochen wieder alles beim Alten ist.

6.4   Finanz- & Rechnungswesen und Unternehmensführung

Das selbstfahrende Unternehmen wird vor allem bei den finanzadministrativen
Tätigkeiten massive Erleichterungen bringen. Bereits heute werden die Grundlagen mit den modernen ERP-Systemen gelegt und die Prozesse standardisiert. Die
folgenden Seiten beleuchten die Neuerungen im Bereich der Rechnungslegung,
dem Zahlungsverkehr und dem Reporting.

Bestellungen und Rechnungen werden 2035 über eine globale Contract-
Plattform oder Handelsplattform ausgetauscht. Es wird nicht mehr notwendig
sein, Rechnungen zu stellen und diese erneut in ein ERP-System einzugeben.
Die Prüfung von Bestellungen, Aufträgen und Rechnungen erfolgt vollkommen
automatisch. Der Zahlungsverkehr wird direkt im ERP-System verankert sein
und es wird zahlreiche Zahlungsverkehrspartner im und mit dem Unternehmen
geben. Die tragende Rolle der regionalen Bank für den Zahlungsverkehr wird in
dieser Form nicht mehr gegeben sein. Die Entscheidung für den digitalen Zahlungsverkehrspartner wird nach Preis je Anwendungsfall und globaler Präsenz
entschieden.

Unter dem Stichwort Predictive Forecast werden sich intelligente und automatisierte Simulationsrechnungen etablieren. Planrechnungen werden nicht mehr
händisch durch Personen und Experten erstellt. Das Softwaresystem nimmt
die Zahlen der vergangenen Jahre und kombiniert sie mit verfügbaren Marktdaten. Dadurch erreicht man Simulationswerte für einen Forecast, also eine
Planrechnung.

Bisher benötigte es Wochen und Monate, um einen Jahresabschluss zu erstellen. Die konsequente Digitalisierung und Integration von zentralen ERP-Systemen (auch über Unternehmensgrenzen hinweg) ermöglicht die automatisierte Verbuchung von allen Belegen, Materialflüssen, Bestellungen, Aufträgen, Investitionen, Abschreibungen und Zahlungen in Echtzeit. Dadurch kann jederzeit die finanzielle Situation des Unternehmens auf Knopfdruck nachvollzogen werden. Die Zukunft wird keine Real-Time-Jahresabschlüsse bringen, sondern Echtzeit-Reporting. Kombiniert man Predictive Forcasting mit den Real-Time-Buchungen ist es jederzeit möglich, das Jahresergebnis mit hoher Genauigkeit vorherzusehen. Das Buchhaltungs- und Rechnungswesen wird sich bis 2030 also massiv verändern. Monatsberichte, Quartalsberichte und Jahresberichte werden aufgebrochen. Jegliche Perioden (letzte Woche, 30 Tage, 90 Tage, 365 Tage) können berichtet werden, Stichtage sind nicht mehr erforderlich, Buchungen erfolgen Real-Time und immer korrekt.

Noch im Jahr 2020 müssen sämtliche Belege händisch in das System eingegeben werden. Ein Straßenbahn-Beleg mit einem Betrag von Euro 2,20 inklusive Mehrwertsteuer muss von einem Mitarbeiter ins System eingegeben und korrekt physisch abgelegt werden. Mit dieser eintönigen Arbeit verursacht er selbst bei einem Unternehmen in der höchsten Steuerprogression mehr Kosten als Einsparungen. Jahrzehntelang wurde das kaum hinterfragt, da die Leute vor lauter zermürbenden Routinen gar nicht auf die Idee kamen, diesen Unsinn auf einer höheren, kritischen Ebene zu hinterfragen. Noch lästiger war und ist immer noch, schlampigen Kunden und Kundinnen nachtelefonieren zu müssen, wenn die ihre Belege nicht vollständig und zeitgerecht abliefern. Hier sprechen wir nicht von Minuten, sondern von Stunden, die sinnlos mit unangenehmer Arbeit vergeudet werden, von den genervten Kunden gar nicht zu sprechen. Die Unternehmen kostet es eine Menge Geld, die betroffenen Mitarbeiter kostet es Lebenszeit. Und die schlampigen Kunden bessern sich dadurch auch nicht: „Es wird ja ohnehin immer nachtelefoniert, wenn was fehlt."

Es wird also Zeit, einen neuen Schritt in der Evolution der Unternehmen und der in ihnen tätigen Menschen zu gehen. Die meisten Unternehmen sind noch weitgehend analog. Immer mehr Unternehmen sind bereits mehr oder weniger teilautomatisiert, vor allem im Bereich von Webshop-Handelsunternehmen – auch wenn das die Kunden oft noch gar nicht bemerkt haben. Es gibt Software, die den Webshop mittlerweile dank Künstlicher Intelligenz in sehr hoher und weiter steigender Qualität in alle Sprachen übersetzt und die Suchmaschinenoptimierung und bei Bestehen hoher Konkurrenz die „Ads" – also die Anzeigenkampagnen – automatisiert optimiert. Ist also der Shop einmal geplant, kann er mit geringem Aufwand weltweit in den Landessprachen aktiv werden. Es ist möglich, sieben

Tage in der Woche, 24 h am Tag, ohne klinkenputzenden Außendienst mit geringsten Betriebskosten das komplette Sortiment an Nachfragende abzusetzen. Diese müssen nicht mehr lange überredet werden, wenn das Produkt ihren Interessen entspricht, sie sind ja selbst aktiv zu dem Shop gekommen. Mit dem Kauf erfolgt dann per Klick auch gleich die Zahlung. Ebenso automatisch werden die Daten und Belege für das Rechnungswesen generiert.

Ein interessanter Aspekt im Zusammenhang mit Entscheidungen sind sämtliche Fehler, die zum Beispiel aufgrund unerwarteter Umfeldveränderungen auftreten. Das selbstfahrende Unternehmen wird in dem Rahmen funktionieren, für den es programmiert ist, wobei bereits möglichst viele Ausnahmesituationen in das System integriert sind und es von manuellen Eingriffen lernen wird. Kommt es jedoch dennoch zu einem unerwarteten Störfall, muss das Unternehmen wieder in den analogen Modus wechseln und es müssen Menschen die relevanten Entscheidungen treffen – wobei diese Entscheidungen aufgrund der umfassenden Echtzeitdaten von Algorithmen vorbereitet werden. Ähnliches ist auch denkbar, wenn es zu unerwarteten Abweichungen der Planzahlen kommt. So programmiert das Management zum Beispiel das Unternehmen auf 5 % Wachstum und bekommt rechtzeitig Rückmeldung vom System, das voraussichtlich aufgrund der aktuellen Daten dieser Wert nicht eingehalten werden kann. Parallel dazu kommen von den Algorithmen berechnete Simulationen mit Effekten, die unterschiedliche Entscheidungen hervorrufen. Auf dieser Grundlage kann nun das Management die gewünschte Entscheidung treffen und aufgrund der fundierten Datenbasis sehr gut an alle relevanten Akteure kommunizieren.

6.4.1 Interaktion mit dem Staat und die Neuerfindung von Steuern

Zur Zeit des selbstfahrenden Unternehmens werden Gesetze nicht mehr ausschließlich in menschlicher Sprache formuliert, sondern sie werden zusätzlich in Software umgesetzt und durch Software exekutiert. Gesetze werden in Softwarealgorithmen (z. B.: Buchhaltungssysteme, ERP) programmiert und diese werden von staatlichen Stellen autorisiert. Diese Systeme berechnen Steuerzahlungen in Echtzeit und überweisen diese an den Staat. Manuelle Bearbeitungen oder Prüfungen durch externe Steuerberater werden nicht mehr nötig sein. Wirtschaftsprüfungen werden nur noch auf Systemkonfigurationen und im ERP-System stattfinden.

Auch Steuerprüfungen finden durch den Staat auf Datenbasis der ERP-Systeme statt. Vergleichbare Systeme gibt es bereits derzeit im Banken-Aufsichts-Sektor (Österreichische Nationalbank 2020).

Dieser Umstand wird auch die Art des Denkens der Menschen bis zum Jahr 2035 grundlegend verändern. Wer nicht mehr Belege verfasst, ablegt, verliert, verlegt, wieder sucht, irgendwann abstempelt oder manuell sortiert, wird frei für vielfältige kognitiv, emotional und sozial höherwertige Tätigkeiten.

Zwischendurch zur Info: Es gibt für 10 Seiten Papier 3.628.800 Möglichkeiten der Unordnung, wie vom kritischen Leser mittels der Funktion der Fakultät leicht nachgeprüft werden kann.

Im Büro eines durchschnittlichen Buchhalters finden sich tausende Belege. Es lässt sich leicht erahnen, welche gewaltigen Potenziale ein vernetztes System aufweist, in dem Belege nur mehr Daten sind, die in laufend Echtzeit erfasst und verwaltet werden. Auch am Wochenende und um Mitternacht, ohne Zulagen.

Die relevanten Steuergesetze werden einmal ins System eingegeben und berechnen in der Folge stets die für das Unternehmen günstigste Variante. Sind alle Gesetze weltweit online, können das auch digitale Suchagenten erledigen. Aufgrund der laufend aktualisierten Datenlage können in kürzester Zeit Millionen Varianten geprüft werden. Sollten aufgrund dieser komplexen Analysen Veränderungen in anderen Teilbereichen des Unternehmens vorgenommen werden, werden diese innerhalb eines autorisierten Rahmens des Predictive Forecasting laufend selbstständig freigegeben. Grundlegende Entscheidungen werden mittels interdisziplinärer Teams getroffen, die sich zusammensetzen und diese hinsichtlich ihrer langfristigen strategischen Bedeutung diskutieren, Risiken und Chancen anhand von Zukunftsszenarien analysieren, Ideen entwickeln und schließlich eine Entscheidung treffen.

Aufgrund der laufenden Verfügbarkeit sämtlicher Daten könnte das selbstfahrende Unternehmen 2035 auch die Steuer in Echtzeit begleichen. Auch ein Steuerberater ist für Routineaufgaben nicht mehr erforderlich, da sämtliche aktuellen steuerrechtlichen Informationen in das System integriert sind. Ebenso wird der Wirtschaftsprüfer überflüssig, da diese Systeme vollkommen transparent sind. Die dabei angewendeten Gesetze sind nicht mehr nur in textlicher Form, sondern als Algorithmen aufbereitet und werden direkt in das Unternehmen eingespeist, wo sie in Form eines Rechenkerns abgebildet sind. Aufgrund der zuverlässigen und transparenten Arbeitsweise dieses Rechenkerns weiß das Finanzamt, dass sämtliche Abgaben korrekt und in Echtzeit erfolgen.

Es wird zwar auch 2035 noch Steuerberater geben, diese werden sich jedoch vor allem mit grundlegenden, strukturellen Belangen beschäftigen und als Unternehmensberater agieren. Natürlich werden auch die Unternehmen der Zukunft bemüht sein, mit einfallsreichen Konstruktionen ihre Steuerlast zu senken. Damit wird selbst der Beruf des Steuerberaters ein erhebliches Maß an Innovation und Kreativität erfordern. Aufgrund der vollständigen Transparenz der Unternehmen werden diese Lösungen jedoch hundertprozentig korrekt sein und allen Prüfungen standhalten.

Auch dadurch wird es zu einer psychologischen Veränderung kommen. Wie auch die Spieltheorie zeigt, ist die Bereitschaft zu korrektem Verhalten erheblich höher, wenn wir wissen, dass die anderen Mitspieler ebenfalls korrekt spielen.

Damit wird das selbstfahrende Unternehmen auch viele andere Bereiche „disruptieren", wie die öffentliche Verwaltung, die auf dieser Grundlage auf allen Ebenen erheblich vereinfacht werden kann. Auch sie kann in Echtzeit über sämtliche Daten verfügen und alle Entscheidungen müssen automatisiert erfolgen. Statt Amtsgeheimnis und geschwärzten, ausgedruckten Akten wird auch hier eine vollkommene Transparenz herrschen, indem auf Wunsch zu jedem Zeitpunkt jegliche Abfrage möglich sein wird.

Die selbstfahrende Organisation wird die öffentliche Verwaltung auf allen politischen Ebenen durchdringen. Weder die EU noch die Staaten Deutschland Österreich oder die Schweiz, die Bundesländer und Kantone oder die Städte und Gemeinden können sich dieser Entwicklung entziehen. Das automatisierte Erbringen von Verwaltungs- und Serviceleistungen und der Selfservice-Charakter für Bürgerinnen und Bürger wird in den kommenden Jahren im Fokus der Entwicklung stehen. Nach der Transformation werden alle Verwaltungsprozesse digital, softwaregestützt und automatisiert erfolgen. Für diese Vision werden jedoch noch einige Gesetze juristisch angepasst werden müssen. Ziel ist es, dass nach legistischer Adaption auch hoheitliche Aufgaben automatisiert werden. Somit kann die Software rechtsgültige Bescheide und Urteile aussprechen.

Durch bedingungslose, digitale und vollautomatisierte Prozessverwaltung werden Mitarbeiterinnen und Mitarbeiter in der öffentlichen Verwaltung von Verwaltungsaufgaben freigespielt und widmen sich bestmöglichen Serviceleistungen für Bürger, Bürgerinnen und Unternehmen. Softwarealgorithmen übernehmen 80 % der Entscheidungsfindung und unterstützen die Mitarbeiterinnen und Mitarbeiter in ihrer Sachkompetenz und Beratungsfunktion gegenüber politischen Organen.

Durch das Wissen über die Bürger und deren Lebensphasen können wiederkehrende und vorhersehbare Verwaltungsprozesse automatisch ausgeführt oder frühzeitige Empfehlungen ausgesprochen werden. Informationen der Bürger und Unternehmen werden im Rahmen des Once-Only-Prinzips einmalig erfasst und allen kollaborierenden Institutionen zur Verfügung gestellt. Digitale Interaktion erfolgt über eine One-Stop-Service-Plattform, wobei regionale, analoge Geschäftsstellen weiterhin als Service-Leister erhalten bleiben.

Die Organisationsumstellung der öffentlichen Verwaltung wird ebenfalls vergleichbar mit der Entwicklung der selbstfahrenden Fahrzeuge sein. Auch hier unterscheidet man die technische Reife der „selbstfahrenden" Verwaltung, Organisation, Behörde anhand der Autonomiestufen, die auch bei autonom fahrenden Fahrzeugen als Richtlinien dienen. Stetig die Vision der selbstfahrenden Organisation im Fokus behaltend, entwickeln sich einzelne Bereiche einer Organisation mit unterschiedlichen Geschwindigkeiten. Basierend auf der Digitalisierung und Automatisierung von Organisationsprozessen werden schlussendlich 80 % aller Organisationsentscheidungen autonom getroffen.

End-To-End-Verwaltungsprozesse werden bedingungslos durch automatisierte Softwarelösungen abgelöst. Somit bedarf es keiner manuellen Einträge, Entscheidungen und Freigaben mehr. Das Dienstleistungs- und Serviceangebot funktioniert 100 % digital und ohne humane Verwaltungsarbeit. Diese Prozesse werden einmalig von den jeweils verantwortlichen Beamtinnen und Beamten auf ihre Gesetzeskonformität „geprüft" und laufen dann voll automatisiert ab.

Bei der Beratung und Unterstützen der politischen Organe, bei der Festlegung von Zielen und bei der Erarbeitung von Programmen bedarf es komplexer Sachverhalte und Entscheidungsfindung. Im Prinzip der selbstfahrenden Organisation werden 80 % der Entscheidungen durch Softwarealgorithmen basierend auf historischen und hochgerechneten Daten und den durch Gesetze und Verordnungen definierten Regeln getroffen. Alle weiteren Entscheidungsfindungsprozesse werden durch die gleichen Systeme dynamisch und transparent unterstützt.

Viele Verwaltungsprozesse müssen aktuell in regelmäßigen Abständen absolviert werden (z. B. Erneuerung Reisepass) oder können bereits vorhergesagt werden (z. B. Anmeldung Familiengeld). Diese können aufgrund der transparenten Verfügbarkeit von Daten vollkommen automatisiert und autonom erfolgen. Dadurch bedarf es keinerlei Anwesenheit von Bürgerinnen und Bürger, die Servicequalität kann gesteigert werden und der Verwaltungsaufwand wird eliminiert. Durch das Wissen über die Bürger und deren Lebensphasen können Empfehlungen für nötige Behördenphasen ausgesprochen werden oder Serviceleistungen automatisch erbracht werden.

Gemäß dem Once-Only-Prinzip, werden Informationen von Bürgerinnen, Bürger und Unternehmen nur noch einmalig dem Verwaltungsorgan mitgeteilt und können anschließend von allen Geschäftsbereichen, Servicestellen und kollaborierenden Institutionen des öffentlichen Dienstes weiterverwendet werden. Durch Softwarealgorithmen können hier autonome Handlungen getroffen werden.

Bürger und Unternehmen können alle Dienstleistungs- und Serviceangebote niederschwellig im Online-Portal abwickeln. Gemäß dem One-Stop-Service-Prinzip können mit einem einmaligen Login alle Informationen zu bisherigen

Interaktionen mit der Verwaltungsbehörde eingesehen werden und die wenigen noch notwendigen Anträge (z. B. Veranstaltungsmeldung) abgeschickt werden. Die Transformation der Staaten, Länder, Kommunen und Gemeinden zu einer digitalen, selbstfahrenden Organisation kann als zentrales Mittel zur Eliminierung des Verwaltungsaufwands gesehen werden. Aufgrund der Vollautomatisierung von Verwaltungsaufgaben und autonomen Entscheidungsfindungen werden die Verwaltungsmitarbeiterinnen und -mitarbeiter von langwierigen Verwaltungsprozessen und Routinetätigkeiten freigespielt und können auf ihre neue Kernkompetenz fokussieren: die zwischenmenschliche Interaktion.

Trotz digitaler Abwicklung der Verwaltung bleiben der regionale Service und die dazugehörigen analogen Servicestellen erhalten. Geschulte Mitarbeiterinnen und Mitarbeiter spezialisieren sich auf die inhaltliche Serviceberatung und Kompetenzvermittlung, damit die Bürger selbstständig in der digitalen Sphäre agieren können. Die digitale, automatisierte Verwaltung birgt weniger Fehlerpotenzial als die händische Verarbeitung und ist außerdem vollkommen transparent. Die Umstellung zu einer digitalen, selbstfahrenden Organisation führt somit zu einer rasanten Effizienz- und Qualitätssteigerung der Serviceleistungen im öffentlichen Dienst sowie einer enormen Kostensenkung. Was es dazu braucht, ist der Wille zur Veränderung. Die dafür eingesetzten Mittel werden aufgrund der gewaltigen, langfristigen Kosteneffekte mit Sicherheit amortisiert.

6.4.2   Ein Tag im Leben eines Managers 2035

Ein idealer Geschäftsführer oder Manager plant heute einen dreigeteilten Tag: Etwa ein Drittel seiner Zeit arbeitet er oder sie für die unterstellten Mitarbeitenden, ein Drittel für die Kundschaft und ein Drittel für die Peer Groups, überwiegend in direktem Kontakt sowie mit dem gezielten Lesen und Aufbereiten entsprechender Informationen. Bei einem typischen Zehn-Stunden-Tag verbringt die Führungskraft drei Stunden mit Tätigkeiten rund um die Kunden, mit Anrufen, Regelungen, Interventionen. Weitere drei Stunden verbringt er oder sie mit Delegieren, Deeskalieren, Motivieren, Repräsentieren, weitere drei Stunden mit Shareholdern und Kollegen, um sich auszutauschen, strategische und taktische Überlegungen zu diskutieren. Die restliche Stunde wird gezielt und knapp der wichtigste Schriftverkehr erledigt.

Schlechte Geschäftsführer oder Manager sind 70 % seiner oder ihrer täglichen Arbeitszeit „E-Mail-getrieben", sämtliche Handlungen werden hektisch und kurzfristig aufgrund von ständig eintreffenden Mitteilungen ausgelöst. Für einen kultivierten, direkten Kontakt mit den drei Anspruchsgruppen bleibt nur wenig

Zeit, aufgrund des gestressten Zustandes erfolgt diese Kommunikation wenig effektiv und leistet zudem einen negativen Beitrag zum Betriebsklima wie auch zur Kundenzufriedenheit. Zusätzlich geht es ständig darum, zu kontrollieren ob die Anweisungen auch durchgeführt wurden, in vielen Fällen sind wiederum hektische Korrekturen erforderlich. Dieser Managertypus wird in Zukunft aussterben. In der Welt der selbstfahrenden Unternehmen im Jahr 2035 wird es keinen Platz mehr für ihn geben.

In Zukunft gefragt sind Charisma, Kompetenz, Empathie und Kreativität, da die operativen und taktischen Entscheidungen automatisiert erfolgen und es nicht mehr notwendig ist, zu kontrollieren wieweit eine Anweisung auch tatsächlich umgesetzt wurde. Die Entscheidungen werden in zunehmendem Ausmaß vom System hinsichtlich ihrer mittelfristigen Auswirkungen simuliert und damit verbessert und erleichtert. Es gehen keine der Botschaften mehr über die „stille Post" verloren, die auf umständlichen Wegen wiederbeschafft werden müssen. Damit wird der Manager erheblich effektiver. Er wird im Kopf frei, um über grundlegende strategische Belange, über die Vision und Mission nachzudenken, diese mit allen relevanten Interessensgruppen zu diskutieren und gemeinsam kreative Lösungsansätze zu entwickeln. Das Tätigkeitsprofil wird sich also insgesamt mehr in Richtung der Schaffung von Mehrwert verändern.

Mit den Möglichkeiten der Einbeziehung von Umfelddaten und Big Data werden vielfältige Simulationen möglich, die heute noch undenkbar erscheinen, aktuell noch mit einem riesigen Aufwand verbunden sind bzw. nur durch externe Beratungsunternehmen zu hohen Kosten durchgeführt werden können. So kann zum Beispiel 2035 analysiert werden, welche Auswirkungen die Einführung einer Vier-Tage-Woche im Unternehmen haben wird, von der Arbeitsorganisation über das Steuer- und Sozialversicherungsaufkommen bis zur Mitarbeitermotivation, wobei diese in den zyklischen Berechnungsmodell wiederum in die Produktivität einfließt. Kommt es zur Entscheidung zugunsten der Vier-Tage-Woche genügt es, diese ins Human Resources System einzuprogrammieren. In Folge wird sich die gesamte Unternehmensstruktur, von der Produktion bis zu allen Verträgen mit den Mitarbeitenden und Sozialversicherungsanstalten dementsprechend anpassen.

Gegenüber den Managern treten damit auch erheblich weniger Widerstände auf, da die Grundlagen sämtlicher Entscheidungen vollständig nachvollziehbar sind. Mit den vielfältigen Simulationstools können sie so aufbereitet werden, dass sie sowohl von den Shareholdern als auch von den Mitarbeitenden verstanden und nachvollzogen werden können.

6.4.3   Leadership in der selbststeuernden Organisation

Die Führungskraft in der selbstfahrenden Organisation sorgt wie in Abschn. 6.4.2 beschrieben also dafür, dass alle Funktionen weitgehend automatisiert erfolgen und der Mensch sich auf höhere Aufgaben konzentrieren kann, wie Ideen zu entwickeln, persönliche Beziehungen zu Kunden, Lieferanten und Stakeholdern aufzubauen und zu pflegen. Fallweise wird es erforderlich sein, bei Störungen oder sonstigen Ereignissen, die über das Leistungsspektrum des Systems hinausgehen, manuell einzugreifen, indem präzise anhand der Erfordernisse der Situation Teams gebildet werden, die sich mit Unterstützung der Software dieser Aufgabe annehmen, z. B. wenn ein Umzug in ein anderes Firmengebäude erforderlich wird. Im Unterschied zur analogen Organisation, bei der sämtliche operativen und taktischen Entscheidungen von Menschen getroffen werden, kann die selbststeuernde Organisation nach dieser Intervention rasch wieder den Regelbetrieb ohne Zutun der Führungskraft aufnehmen. Die Intervention erfolgt im Vergleich mit der analogen Organisation auch erheblich rascher, da selbst in dieser Phase laufend alle benötigten Informationen in Echtzeit verfügbar sind. Am Beispiel des Umzugs wären dies sämtliche Daten zu Bedarfen an Materialien, Arbeitsplätzen, Infrastruktur sowie automatisiert erstellte und eingeholte Angebote zu fehlenden Ressourcen oder Daten zu Ist- und Soll-Bedarfen im Bereich der Logistik.

6.5   Organisation und Personal

Organisationen bilden ein Rahmenwerk für ein System, in dem Ressourcen zur Erreichung der Unternehmensziele Leistung erbringen. Damit das Unternehmensziel erreicht werden kann, werden meist mehrere Ressourcen benötigt, die dann koordiniert werden müssen. Zu diesen Ressourcen zählen nicht nur Kapital, Anlagen und Material, sondern auch Menschen. Damit dieses System funktioniert wird ein Rahmenwerk benötigt, das die Aufgaben der Beteiligten vorgibt, koordiniert, kontrolliert und somit die Komplexität reduziert. Der Erfolg von Unternehmen hängt von der Zusammenarbeit der Ressourcen ab und davon, wie Mensch, Material, Kapital und Technik eingesetzt werden. Dabei ist entscheidend, wie gut es Organisationen gelingt, durch die gemeinsame Verarbeitung Output zu generieren und somit eine Wertsteigerung zu erreichen. Die Anpassungsfähigkeit von Organisationen ist für deren Bestehen und Erfolg maßgeblich.

Die bedingungslose Ausrichtung der Organisation auf die Erwartungen des Marktes und der Kunden ist der Treibstoff in der Transformation zum selbstfahrenden Unternehmen. Die zukünftigen Produkt- und Wertschöpfungsorganisationen werden nicht mehr horizontal geschnitten, das heißt, es gibt keinen Bruch mehr durch Organisationseinheiten. Klassische Organisationen wurden in den letzten Jahrzenten häufig in Service-Schichten wie mehrlagige Sandwiches aufgebaut. Dabei kommt es heute zu vielen Reibungsverlusten und zu sinnbefreiten machtpolitischen Grabenkämpfen. Außerdem besteht die Gefahr einer überproportionalen Dominanz der nicht wertschöpfenden Organisationseinheiten. Der Grund, warum man bisher eher diese Service-Matrix-Organisation einführte, lag im Heben von Kosten-Synergie-Effekten. Für Unternehmen mit einer sehr hohen Anzahl an menschlichen Mitarbeiterinnen und Mitarbeiter war diese Organisationsform die kosteneffizienteste Möglichkeit, effizient an der Wertschöpfung zusammenzuarbeiten.

Die selbstfahrende Organisation orientiert sich jedoch ausschließlich an den angebotenen Produkten und wird diese klassischen Service-Silo-Bildungen aufbrechen. Diese agile Organisationsgestaltung richtet sich dabei kompromisslos am verkaufbaren Produkt aus, an deren Kopf die Produktmanagerinnen und Produktmanager stehen. Growth Hacking, Vertrieb, Wertschöpfung, Einkauf, Team-Management und Lieferung und Logistik richten sich an den Produkten aus. Zentrale Software und steuernde Algorithmen machen das Auf-den-Kopf-Stellen der Matrixorganisation möglich. Im Zentrum der neuen Silos stehen das angebotene Produkt und dessen gesamter Lebenszyklus. In klassischen Organisationen gibt es je Aufgabe ein abgegrenztes Team, somit fehlen die ganzheitliche Betrachtung und die Vision für das Produkt. Durch die Transformation hin zu interdisziplinären agilen Organisationsformen werden all diese Aufgaben in Produktteams zusammengeführt. Durch die voranschreitende Automatisierung und die Durchdringung aller Bereiche mit kognitiven Softwarelösungen werden signifikant weniger Personen für die Herstellung und Lieferung von Produkten benötigt. Diese Auslöser und Treiber werden das Zusammenarbeitsmodell der Zukunft signifikant verändern. Der Mensch wird im selbstfahrenden Unternehmen im Zentrum stehen und die Art und der Inhalt seiner Arbeit werden hochwertiger. Die Struktur und Arbeitsweise der Teams werden sich radikal ändern.

Prinzipiell wird man die Zusammenarbeit von Personen in zwei grobe Kategorien einteilen (vgl. Abb. 6.4):

- **Selbstorganisierende Teams**

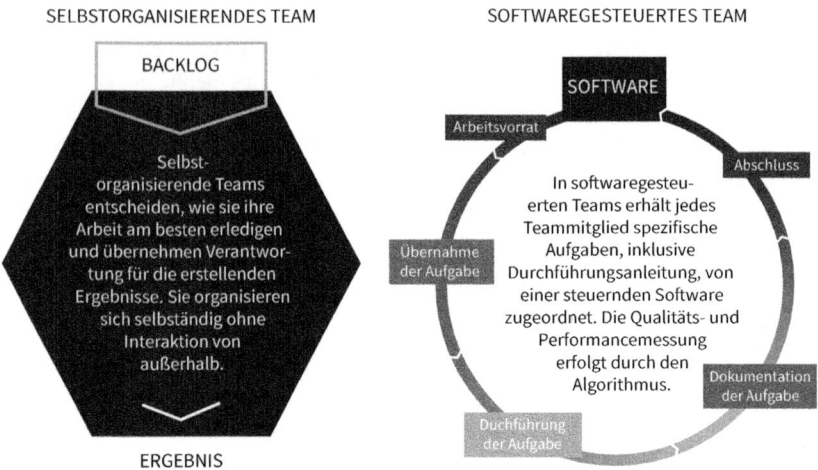

Abb. 6.4 Zusammenarbeitsmodelle im selbstfahrenden Unternehmen

Selbstorganisierende Teams entscheiden, wie sie ihre Arbeit am besten erledigen und übernehmen Verantwortung für die zu erstellenden Ergebnisse. Sie organisieren sich selbstständig ohne Interaktion von außerhalb.

- **Softwaregesteuerte Teams**
  In softwaregesteuerten Teams erhält jedes Teammitglied spezifische Aufgaben, inklusive Durchführungsanleitung, von einer steuernden Software zugeordnet. Die Qualitäts- und Performancemessung erfolgt durch den Algorithmus.

In den folgenden Abschnitten werden diese beiden Teamformen näher beschrieben.

6.5.1 Selbstorganisierende Teams

Selbstfahrende Organisationen bestehen aus unzähligen dezentralen, aber selbstorganisierenden Teams, die dennoch konzertiert für ein gemeinsames Ziel zusammenarbeiten. Die Orchestrierung übernehmen dabei intelligente und lernende Softwaresysteme. Diese Teams gehen mit einer agilen Arbeitsweise ans Werk und sind bedingungslos an den Bedürfnissen des Marktes und der Kunden ausgerichtet. Ausschlaggebend hierfür ist, dass Entscheidungen und Aufgaben dezentral vergeben und getroffen werden. So kann rasch und praktisch in Echtzeit auf Veränderungen beim Kundenverhalten oder in der Auslastung reagiert werden. Das ist der größte Vorteil von agilen Organisationen.

Damit diese Dezentralisierung erfolgreich sein kann, wird auch wie in klassischen Organisationsformen ein Rahmenwerk benötigt. „Scrum" – aus dem Englischen für „Gedränge" – ist eine der heute am bekanntesten und weitest verbreiteten Methoden des agilen Managements und eine hervorragende Basis für die Gestaltung von selbstorganisierenden Teams. Die zugrunde liegende Struktur ist einfach und die Rollen in den Teams sind klar definiert, daher ist Scrum auch ganz einfach erlernbar (vgl. Abb. 6.5).

Es gibt einen fachlichen Verantwortlichen (den Product-Owner), der die Aufgaben definiert, nach Prioritäten reiht und gegebenenfalls Veränderungen

Abb. 6.5 Agile Arbeitsweise mit Rollen, Artefakten und Ritualen

vornimmt. Das Mitarbeiterteam arbeitet operativ mit dem oder der Prozessver-
antwortlichen (Scrum-Master) zusammen. Dabei werden Teamzusammensetzung
und Auslastung regelmäßig überprüft. In kurzen Iterationen werden, die im
Backlog definierten Kunden-, Produktanforderungen oder Aufgaben (z. B. bei
Reparatur und Instandhaltung) vom Team abgearbeitet. Während der Umsetzung
nehmen weder fachliche noch Prozessverantwortliche Einfluss und das Team handelt völlig autonom. Bei immer wiederkehrenden „Sprints" wird ein Feedback
über den Durchführungserfolg gegeben und die künftige Projektvorgabe wird
aufgrund des Feedbacks erstellt.

   Der Unterschied des selbstfahrenden Unternehmens 2035 zum „klassischen"
Scrum ist, dass die jeweiligen Verantwortlichen vermutlich keine physische Person mehr sind, sondern ein intelligentes, selbstlernendes Programm, das wie in
den bereits beschriebenen Beispielen aufgrund des erfolgten Feedbacks lernt und
dabei immer besser, immer komplexer wird. Ein selbstorganisiertes Team besteht
für komplexe Aufgaben wie Strategie und Management, Kundeninteraktion und
Vertrieb auch 2035 aus echten Menschen – denn auch 2035 wird es keine Roboter
geben, die empathisch mit Kunden Beziehungen aufbauen oder eine komplizierte
Maschine in der Industrieanlage eines Kundenunternehmens anliefern, auspacken,
zusammenbauen und elektrisch verdrahten können. Die Lösung von kreativen
oder neuartigen Einzeltätigkeiten und Problemstellungen, sowie die Erarbeitung
von neuen Produkten für neue menschliche Bedürfnisse werden Aufgabe von
selbstorganisierenden Teams sein.

   Das Team hat also einen gemeinsamen digitalen Arbeitsvorrat und wählt
selbstständig seine Aufgaben. Wann, wo und wie entscheidet das Team als Team-
leistung. Zum Beispiel wird in Zukunft ein Instandhaltungsteam auch weiterhin
für eine Betriebsanlage zuständig sein, die Arbeit wird sich aber inhaltlich verändern. Die Aufgabe des Teams wird es immer mehr sein, die eingesetzten
Algorithmen an die neue Situation anzupassen. Statt dem klassischen Facharbeiter
wird es den Wissensarbeiter brauchen. Wenn die Maschine einen Fehler meldet,
bestimmt das Team selbst, wie das Instandhaltungssystem upgegradet wird. Dafür
liegt ein aktiv einsetzbarer Wissensvorrat vor.

   Bereits heute existieren sinnvolle Management-Methoden für diese dezentralen
selbstorganisierenden Teams. Objectives and Key Results (OKRs) ist ein Rahmenwerk für modernes Management, das die einzelnen Aufgaben von Teams
und Mitarbeitern mit Unternehmensstrategie, -plänen, und -vision verknüpft (vgl.
Abb. 6.6). Objectives und Key Results sind von objektivem Charakter und können
vom gesamten Unternehmen eingesehen werden. Durch diese Methoden können
die selbstorganisierenden Teams motivierend durch das Management gesteuert

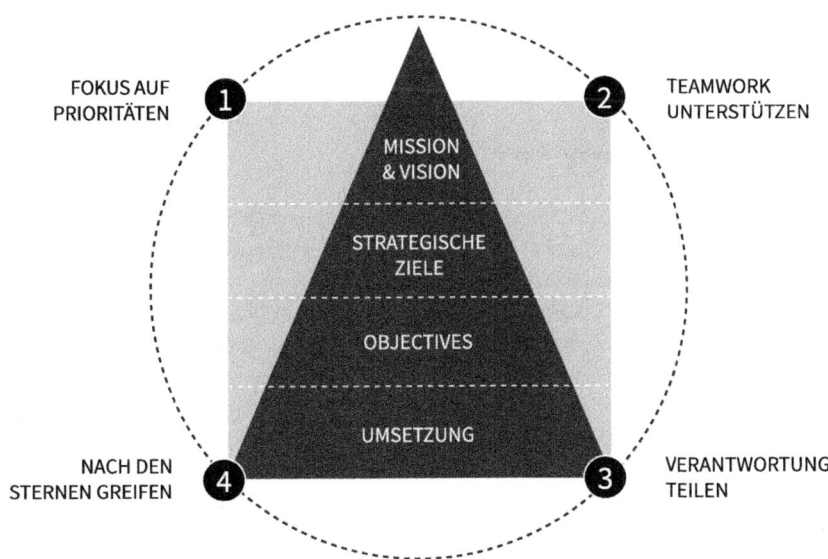

MISSION & VISION

STRATEGISCHE ZIELE

OBJECTIVES

UMSETZUNG

FOKUS AUF PRIORITÄTEN ①

TEAMWORK UNTERSTÜTZEN ②

NACH DEN STERNEN GREIFEN ④

VERANTWORTUNG TEILEN ③

Abb. 6.6 Best Practice zur motivierenden Steuerung durch Objectives und Key Results (OKR)

werden. Im Gegensatz zu Management by Objectives werden die Ziele nicht Top-Down vergeben, sondern von der jeweiligen Ebene selbstständig auf das eigene Team heruntergebrochen. Dieser Prozess startet mit unternehmensweiten Objectives und Key Results und wird von jeder Ebene und Team individuell für den eigenen Aufgabenbereich ausgeprägt.

Aus der alltäglichen Berater-Tätigkeit haben sich einige Best Practices mit dieser Methodik herausgeprägt. So dienen OKR nicht zur verbindlichen Steuerung von selbstorganisierenden Teams. Man kann dadurch jedoch eine gesteigerte Motivation erreichen. Die Steuerung und Konzertierung aller agilen und selbstorganisierenden Teams im Unternehmen schaffen nur zentrale und vernetzte Softwaresysteme. Die Transformation und Einführung dieser Managementmethode in großen Unternehmen dauert drei bis fünf Jahre und führt erst danach zu einer Leistungssteigerung. Diese Effizienzsteigerung wird nur einsetzen, wenn alle Prozesse radikal automatisiert werden. Im negativen Fall empfinden die Mitarbeiterinnen und Mitarbeiter die neue Organisationsform als manuell und administrativ aufwendiger als klassische Organisationsformen. Daher ist die wichtigste Zutat für agile Organisationen die bedingungslose Automatisierung der Administration.

6.5.2   Softwaregesteuerte Teams

Softwaregesteuerte Teams haben einen gemeinsamen digitalen Arbeitsvorrat und eine Software verteilt selbstständig Aufgaben. Eine bereits ältere Version von softwaregesteuerten Teams ist das Callcenter: Die Mitarbeitenden begeben auf ihren Arbeitsplatz und das System wählt selbstständig eine Nummer nach der anderen an, kaum ist das Gespräch beendet, wählt das System bereits die nächste Kontaktperson an. Dieses Beispiel steht auch exemplarisch für das Bedürfnis, bei bestimmten Anliegen mit Menschen zu sprechen. Jeder kennt und hasst die computergenerierten Anrufbeantwortersysteme, die auf Knopfdruck der 1, 2 oder 3 eine immer gleiche Leier abspielen und einen schlimmstenfalls nach 15 min Wartezeit wieder brutal rauswerfen. Nach wie vor will der Mensch am liebsten mit einem anderen Menschen kommunizieren, vor allem wenn es um persönliche und private Anliegen geht. Es werden also auch noch 2035 Menschen mit anderen Menschen sprechen, wo immer das erwünscht und sinnvoll ist.

Softwaregesteuerte Teams werden ihre Ziele und die benötigten Ergebnisse über einen Software-verwalteten Arbeitsvorrat erhalten. Die Software übernimmt dabei die Verteilung. Sie sagt zum Beispiel zu dem Mitarbeiter Stefan Meier, dass er um 10:00 Uhr zum Kunden Müller GmbH fahren und dort die Fräsmaschine warten soll. Dafür erhält Stefan Meier eine exakte Anleitung, in der die einzelnen Schritte der Reparatur genau erläutert sind. Mit Bildern und 3D-Simulationen wird exakt z. B. das Kalibrieren der Rotationsachse erläutert. Stefan Meier muss über ein gewisses Grundlagengeschick im Umgang mit Werkzeugen und Messgeräten sowie einen ausgeprägten Menschenverstand verfügen. Jede Maschine und alle damit verbundenen denkbaren Reparaturen auswendig zu kennen, ist aber nicht mehr erforderlich. Diese Informationen erhält er vom selbstfahrenden Unternehmen. Ein Mensch wird also auch in Zukunft den kaputten Bolzen austauschen – nur wird er von einem intelligenten, selbstlernenden System dabei erheblich unterstützt. Er muss nicht mehr in vollem Umfang von einem erfahrenen Kollegen „auf der Maschine angelernt" werden.

Prinzipiell handelt es sich dabei um Tätigkeiten, welche die Maschinen nicht automatisiert und selbstständig abarbeiten können, z. B. empathische Kommunikation mit Kunden, Pflegetätigkeit, manuelle Reparaturen, Programmiertätigkeit zur Behebung von Fehlern. Die Planung, Durchführung und Qualitätssicherung dieser nicht voll automatisierten Tätigkeiten übernehmen die Personen eigenständig. Man spricht von softwaregesteuerten Teams. Die Software überprüft die Qualität automatisiert durch das Feedback der Folgebearbeitenden, Kunden und Kundinnen oder Partner.

Langfristig ist jedenfalls davon auszugehen, dass die softwaregesteuerten Teams immer weniger werden, da immer mehr ihrer Tätigkeiten von Maschinen übernommen werden, auch wenn das oft noch nicht genau vorhersehbar ist. So hatte man auch in den 1950ern die Vision, dass irgendwann ein humanoider Roboter das Geschirr spült, Staub saugt und den Rasen mäht. Gekommen ist es anders: Seit vielen Jahren ist der Geschirrspüler im Einsatz, kleine intelligente Maschinen reinigen selbstgesteuert den Teppich und trimmen das Gras in regelmäßigen Intervallen – ohne Arme und Beine. Die Küche zusammenräumen werden wir aber wohl noch länger selbst – oder unsere Kinder, wenn sie gut erzogen sind.

6.5.3 Matching und die Jagd auf Schlüsselarbeitskräfte

Zentraler Erfolgsfaktor für selbstfahrende Unternehmen ist das Gewinnen der richtigen Schlüsselarbeitskräfte. Auch diese Tätigkeit muss hochgradig digitalisiert, danach automatisiert und zum Schluss durch intelligente Algorithmen ausgeführt werden. Dass Algorithmen für Recruiting-Prozesse eingesetzt werden, ist im Prinzip nichts Neues. Schon 2009 baute die Deutsche Bundesagentur für Arbeit in Deutschland einen Algorithmus zur Vermittlung von Stellensuchenden, der die individuellen Qualifikationsprofile beziehungsweise Jobwünsche mit dem bestehenden Angebot abgleichen konnte, bis hin zu aktiven Benachrichtigungen der jeweiligen Personen, wenn in ihrem Umfeld ein passender Job gerade frei geworden ist. Damit ist es gelungen, einen erheblichen Teil der Arbeit der Vermittler und Vermittlerinnen zu automatisieren. Eine Arbeit, die viel Zeit in Anspruch nahm und auf dem mühsamen Abgleich vieler einzelner Parameter wie Alter, Ausbildung, Berufserfahrung, Geschlecht und Jobwünschen beruht. Trotz der neuen Technologie blieb auch das persönliche Beratungsgespräch erhalten. Aufgrund der Entlastung durch das System kann dieses jedoch auf qualitativ höherem Niveau erfolgen, zudem haben die über 100.000 Beraterinnen und Berater natürlich auch selbst per Klick alle Jobangebote am Monitor. In Summe erbrachte das System eine Einsparung von mehreren Milliarden jährlich, vor allem weil die Leute kürzer arbeitslos waren – die einige hundert Millionen für das neue Vermittlungs- und Beratungsinformationssystem hatten sich also rasch amortisiert.

Diese eben beschriebene Matching-Prozesse werden sich in den folgenden Jahrzehnten noch erheblich weiter entwickeln und in den vielfältigen beruflichen wie auch privaten Anwendungen zum Einsatz kommen. Bereits heute ist das Suchen und Gefundenwerden über Social-Media-Plattformen wie XING oder LinkedIn weit verbreitet. Unsere gesamte berufliche Historie ist dort hinterlegt und von Arbeitskollegen und Vorgesetzten bestätigt. Auch die Firmen stellen vermehrt ihre aktuellen Job-Angebote online. Statt eines aufwendigen Bewerbungsschreibens genügt seitens der Interessenten auch ein Klick, um das eigene Profil für ein Job-Angebot abzusenden.

In der Zeit des selbstfahrenden Unternehmens wird der Arbeitsmarkt in Mitglieder von selbstorganisierenden Teams und Mitglieder von softwaregesteuerten Teams aufgeteilt sein. Das Recruiting von Teammitgliedern für softwaregesteuerte Teams wird nicht aufwendig sein, da das eben besprochene Matching softwaregestützt funktioniert. Sobald jemand arbeitswillig ist, wird ihm oder ihr ein passendes Jobangebot ausgesprochen. Im selbstfahrenden Unternehmen werden immer häufiger einzelne, isolierte Aufgaben zu erledigen sein. Die Vision sieht vor, dass anstatt von dauerhaften Anstellungsverhältnissen diese Aufgaben der jeweilig besten und verfügbaren Person zugeteilt werden. Nach Erledigung dieser isolierten Aufgabe wird der Lohn ausgezahlt und das Arbeitsverhältnis löst sich auf. Beide Seiten werden von dieser Art der Arbeit profitieren. Durch die effiziente Vermittlung von isolierten Aufgaben werden die Arbeitskräfte ständig Arbeit haben. Ihr Monatslohn wird signifikant höher sein, als man es heute gewohnt ist und die gewünschte Tätigkeit kann frei gewählt werden und wird eher der eigenen Interessenslage entsprechen. Für die Unternehmen lohnt es sich, da sie immer die besten Spezialisten für die individuelle Aufgabe erhalten.

Die hochqualifizierten Schlüsselarbeitskräfte für selbstorganisierende Teams müssen einzeln und aufwendig angeworben werden. Die Unternehmen werden aktiv auf diese Schlüsselarbeitskräfte zugehen. Das Sondieren des Arbeitsmarkts, die Auswahl und Ansprache erfolgt zwar durch Software, das klassische Werbungsgespräch und auch die tatsächliche Anstellung wird immer durch Personen durchgeführt. Frei nach der These: Menschen wollen für Menschen arbeiten, und nicht für Algorithmen.

Literatur

Joyce, A., & Paquin, R. (2016). The triple layered business model canvas: A tool to design more sustainable business modelsIn. *Journal of Cleaner Production , 135,* 1474–1486.

Österreichische Nationalbank. (2020). Gemeinsames Meldewesen-Datenmodell. https://www.oenb.at/meldewesen/gemeinsames-meldewesen-datenmodell.html. Zugegriffen: 1. Dez. 2021.

Der Mensch und die selbstfahrende Organisation

Zentraler Beweggrund meiner Vision vom selbstfahrenden Unternehmen ist die Ermächtigung der Menschen in Unternehmen und Organisationen. Diese Menschen müssen frei gemacht werden von technisch unsinnigen und unendlich langweiligen repetitiven Arbeiten. Menschen sollen ihrer Leidenschaft und ihren Fähigkeiten entsprechend eingesetzt werden und somit Spaß an ihrer Tätigkeit finden. Repetitive und stark analytische Tätigkeiten muss durch Softwarealgorithmen erledigt werden, da Software weniger Fehler macht und nicht ermüdet und abstumpft. Schlussendlich muss sich die Arbeit für jeden einzelnen Mitarbeiter und jede Mitarbeiterin finanziell auszahlen – und im Umkehrschluss müssen die Unternehmen hocheffizient und profitabel sein, um international in einer multipolaren Welt erfolgreich zu sein. Nur so können sie überdurchschnittliche Vergütungen für die wertige menschliche Arbeit auszahlen.

Ein Trugschluss wäre, dass man diese technologische Revolution mit Regulatorik und Gesetzen aufhalten kann. Die Historie lehrt uns, dass wir in unserer Geschichte noch nie den technologischen Fortschritt aufhalten konnten und auch nie aufhalten wollten. Arbeitsplätze wurden vernichtet, um wenige Jahre und Jahrzehnte später neu erfunden zu werden. Aus blut- und schweißtreibenden Aufgaben wurden Tätigkeiten der menschlichen Interaktion in klimatisierten und beheizten Büroräumlichkeiten. Ähnlich wird die Transformation der menschlichen Arbeitskraft in den kommenden fünfzehn Jahren verlaufen. Wir werden uns auf die kreativen und empathischen Tätigkeiten konzentrieren. Die Software wird uns dabei steuern und wir werden es als Unterstützung wahrnehmen.

Bereits heute ist ein Großteil der Manager von der Software ihres Kalenders gesteuert. Aussagen wie „Der Termin war nicht im Kalender, deshalb war ich nicht vor Ort" bestätigen diese These.

Dieses Kapitel betrachtet das selbstfahrende Unternehmen aus der Perspektive der Mitarbeiter. Die unterschiedlichen Auswirkungen auf den Lebenszyklus

© Der/die Autor(en), exklusiv lizenziert durch Springer-Verlag GmbH, DE, ein Teil 151
von Springer Nature 2021
F. Schnitzhofer, *Das selbstfahrende Unternehmen*,
https://doi.org/10.1007/978-3-662-63067-9_7

im Unternehmen, den Arbeitsalltag und den rechtlichen Rahmen werden anhand unterschiedlicher Rollen beschrieben.

7.1   Sechs Thesen zur Rolle von Menschen im Unternehmen 2035

Die Vision des selbstfahrenden Unternehmens mag viele Leser vor den Kopf stoßen und Ängste bzw. Vorurteile schüren. Tatsächlich macht es aber unseren Blick frei auf das essenzielle. Die Unternehmen der Zukunft werden weiterhin für und von uns Menschen betrieben. Softwarealgorithmen werden immer nur die steuernden und ausführenden Aufgaben durchführen.

Bei der vertieften Auseinandersetzung mit der Vision des selbstfahrenden Unternehmens destillieren sich folgende Thesen zur Rolle des Menschen in diesen Organisationen heraus:

1. Menschen wollen von Menschen Produkte kaufen.
2. Menschen wollen von Menschen beraten werden.
3. Menschen wollen von Menschen gefertigte Waren kaufen.
4. Menschen wollen mit Menschen arbeiten.
5. Menschen wollen mit Menschen Zeit verbringen.
6. Der Mensch wird immer Arbeit haben.

Derzeit ist es kostengünstiger, wenn eine Maschine die Waren fertigt, da die menschliche Arbeitskraft sehr hoch besteuert wird. Das Problem wie auch seine Lösung beruhen also vor allem auf einem Rahmen, der von der Politik vorgegeben ist. Wenn sich Menschen Leistungen von Menschen leisten können sollen, muss die Besteuerung von menschlicher Arbeit wegfallen.

Die selbstfahrenden Unternehmen werden automatisiert Waren produzieren, dies wird kosteneffizienter denn je erfolgen. Unternehmen oder Endkonsumenten und -konsumentinnen können diese Produkte in Zukunft besonders günstig kaufen. Damit stehen diese Waren einer sehr breiten Schicht der Gesellschaft zur Verfügung.

Jedoch werden auch weiterhin persönliche Dienstleistungen und hochwertige Erzeugnisse aus Handarbeit gefragt sein. Mit einem neuen steuerlichen Rahmen wird es möglich, dass diese Leistungen leistbar sind. Weiterhin wird es also einen Markt für „Handmade" geben. Für eine Handsemmel wird der Konsument auch 2035 bereit sein, signifikant mehr Geld auszugeben.

Ein bereits beobachtbares Beispiel dazu stammt aus dem Fast-Food-Sektor. Die automatisierte Fertigung wird die Stückkosten beim Burger weiter senken, was mit höherer Qualität der Zutaten insgesamt bei gleichem Verbraucherpreis für ein besseres und gesünderes Produkt sorgen wird. Zudem wird die Komplexität der Produkte weiter steigen. Diese Entwicklung sorgt für einen gegenläufigen Trend bei den Preisen. Das bedeutet, dass die sinkenden Stückkosten zum Teil durch diesen Mehrwert kompensiert werden. Dadurch entsteht Nutzen auf beiden Seiten: Auf Seite der Unternehmen steigen die Deckungsbeiträge und die Produktivität, auf Seite der Kunden und Kundinnen steigt der Nutzen. Beispiele dafür gibt es bereits heute. So sorgt die Robotik für günstig zu fertigende Staubsauger und Rasenmäher, die selbst komplizierte Flächen ihrer Besitzenden präzise erfassen können und ihre Dienste damit hoch individualisiert leisten. Zu vergleichbaren Leistungen sind bereits Drohnen, Home-Automation, autonome Fahrzeuge und ganze Smart Cities fähig.

Für die Lebensqualität der Menschen bedeuten diese Entwicklungen also insgesamt eine größere Vielfalt an besseren und dennoch leistbaren Produkten.

7.2 Beispiel für Abwehrhaltung: Der selbstfahrende Zug

Nicht immer wird der technologische Fortschritt mit entsprechender Energie verfolgt. Das selbstfahrende Auto im Individualverkehr ist eine Vision, die bereits in absehbarer Zeit umsetzbar ist. Der selbstfahrende öffentliche Verkehr ist hingegen schon Realität, wie am Beispiel Shenzen in China (siehe Abschn. 2.8) gezeigt wurde. Ein Teil davon ist der selbstfahrende Zug. Dass dieser selbstfahrende Zug in Europa noch nicht längst umgesetzt wurde, ist logisch kaum nachvollziehbar und eher mit politischer Unzulänglichkeit und fehlendem Willen zu erklären. Die Steuerung eines solchen Zuges ist erheblich einfacher als die eines Autos. Der Fahrplan, Streckenverlauf, die Geschwindigkeiten und alle Stopps sind klar vordefiniert. Veränderungen durch Baustellen, Windbruch von Bäumen und andere Behinderungen können rasch ins Gesamtsystem eingegeben werden, wodurch eine Neuberechnung der Fahrpläne erfolgt, die wiederum an die Steuersysteme der Züge vermittelt wird.

Ein selbstfahrender Zug könnte sicherer als ein von Menschen gesteuerter Zug sein, denn der Computer ermüdet nicht. Springt ein Selbstmörder auf die Geleise, kann auch der Mensch nicht rechtzeitig bremsen – darüber hinaus erleidet der Computer kein Trauma, das oft eine mehrmonatige Arbeitsunfähigkeit und Psychotherapie nach sich zieht. Viel leichter wäre es, Zäune entlang der Strecke zu errichten – es gibt keinen vernünftigen Grund, warum dies noch nicht erfolgt ist, denn der Wildwechsel ließe sich auch mit anderen Korridoren, Überbauungen oder Unterführungen gewährleisten.

Es scheint also eine reine Willenssache der öffentlichen Verwaltung zu sein, dass diese Maßnahmen noch nicht längst umgesetzt sind. Auch die Argumentation, dass sich die Amortisation des Investments nicht rechnen lässt, darf nicht geltend gemacht werden. Schlussendlich geht es um technologische Vorreiterschaft und um einen realistischen Betrachtungszeitraum. Dieser liegt eher bei 15 als bei zwei bis fünf Jahren.

Der selbstfahrende Zug ist damit ein gutes Beispiel, um zu veranschaulichen, wie viele Potenziale, die durch Automatisierung und Künstliche Intelligenz bereits heute bestehen, nicht erkannt und genutzt werden – oder noch schlimmer: nicht genutzt werden wollen.

7.3   Mitarbeitende und ihr Lebenszyklus in der selbstfahrenden Organisation

Während der Lebenszyklus von Mitarbeitenden im klassischen Unternehmen heute noch mit einem erheblichen Aufwand an menschlicher Arbeitskraft verbunden ist, wird im selbstfahrenden Unternehmen ein Großteil aller Teilfunktionen und administrativen Aufgaben intelligent und automatisiert erledigt werden. Das übergeordnete Ziel jeder Interaktion ist jedoch das beiderseitige Wohl, es geht darum, die richtigen, motivierten Personen für die Jobs zu bekommen, die ihre Aufgaben mit Freude erledigen. Diese Personen müssen ständig weiterentwickelt werden und auf jegliche persönliche Änderung muss dynamisch auch mit einer angepassten Arbeitssituation reagiert werden. Am Ende des gemeinsamen Lebenszyklus muss ein problemloser und ressourcenschonender Übergang in eine neue Lebensphase – z. B. Pension oder Unternehmenswechsel – ermöglicht werden.

Dieser Lebenszyklus startet bereits bei der automatischen Identifizierung von Recruiting-Bedarf, der aufgrund unternehmensinterner Daten erfolgt. So weiß das System rechtzeitig bescheid, wenn entweder eine Person das Unternehmen verlässt oder aufgrund eines eingehenden Großauftrages neue Leute gebraucht werden. Die Algorithmen sorgen dabei für eine exakte Bestimmung der qualitativen und quantitativen Bedarfe.

Aus diesen Bedarfen werden Profile generiert, die ein automatisiertes Recruiting von Mitarbeitenden auslösen, das vor allem über Social Media erfolgt, da die meisten Menschen hier ihre Profile entsprechend ihren Fähigkeiten, aber auch Interessen und Bedürfnissen veröffentlichen.

Aus technischer Perspektive werden dafür spezifische Plattformen für folgende Aufgaben eingesetzt:

*   Rollendefinition
*   Definition Skill-Set und gewünschtes Ergebnis
*   Ansprache von potenziellen Personen
*   Kommunikation und Matching
*   Verhandlung bzw. Bieterwettbewerb
*   Einstellung oder Absage

Wurde die Aufgabe erledigt oder im Zeitraum der Anstellung gut gearbeitet, wird aufgrund der Daten ein Qualitätszertifikat erstellt, mit dem das Bewerberprofil für weitere Aufgaben aufgewertet wird.

Auch in der Zukunft wird es also Angestellte geben, ihr Anteil wird jedoch sinken – einerseits, weil das Sicherheitsbedürfnis der Menschen über eine Grundsicherung weitgehend erfüllt ist, andererseits, weil es mit erheblich geringerem Aufwand verbunden ist, Personal für besondere Aufgaben ergebnisorientiert mit Algorithmen zu rekrutieren. Das verbesserte Matching sorgt für eine hohe Attraktivität dieser Jobs – durch die geringen Kosten der automatisierten Fertigung werden mehr Mittel für eine hohe Entlohnung freigesetzt, die aufgrund der hohen Transparenz sehr leistungsorientiert gestaltet ist. Zusätzlich werden die Jobs mit mehr Eigenverantwortung verbunden sein.

Auch Beförderungen werden automatisiert und intelligent erfolgen, wobei nicht nur die Leistungsdaten der Mitarbeitenden erfasst werden, sondern auch ihre Wünsche und Bedürfnisse. Auf Grundlage dieser Daten erfolgen weite Teile der Personal- und Organisationsentwicklung wie Aufbau, Information und Motivation der Teams, die Erhebung der Schulungsbedarfe, die Planung der Fort- und Weiterbildung und natürlich das interne Matching, sollte es zu veränderten internen Bedarfen kommen.

Die Rolle der Kündigung wird im Vergleich mit dem aktuellen Status Quo mit geringeren Emotionen verbunden sein. Dafür sind folgende Aspekte ausschlaggebend:

*   Die Rolle der Anstellung wird abgewertet und von vielfältigen attraktiven Modellen ersetzt.
*   Durch die bessere Vernetzung der Menschen über die Unternehmensgrenzen hinaus wird die friktionelle Arbeitslosigkeit verringert bzw. werden die ungewollten „Leerläufe" erheblich verkürzt.

- Durch die vielfältigen Möglichkeiten der Telearbeit und Übersetzungsmöglich-keiten werden regionale Grenzen überwunden, ein Effekt, der sich bereits 2020 anhand der sprunghaften Zunahme an Homeoffice-Arbeit abzeichnet.
- Damit wird die Kündigung zum Teil eines Neubeginns, z. B. wenn ein Ent-wicklungsprojekt erfolgreich abgeschlossen wurde und die verantwortliche Mitarbeiterin mit einem Zertifikat ausgezeichnet wird, mit dem sie einen weiteren Schritt auf einer der neuen Karriereleitern setzen kann.

Das selbstfahrende Unternehmen dient als attraktiver Arbeitgeber für alle im Unternehmen tätigen Personen. Diese Auswirkungen auf die unterschiedlichen Rollen in der selbstfahrenden Organisation werden in den kommenden Abschnit-ten dargestellt.

7.3.1 Die Rolle des Leaderships

Die Top-Manager und Eigentümer werden aufgrund der hochgradigen Selbst-steuerung von vielen Pseudo-Entscheidungen entlastet werden. Die extreme Transparenz des Unternehmens, gepaart mit den Möglichkeiten, alle gewünsch-ten Informationen zum Status Quo in allen Belangen – Liquidität, Auslastung, Auftragslage, Struktur von Märkten bzw. Kunden, übersichtliche Prognosen und Simulationen aufgrund zuverlässiger, komplexer Daten – steigert den Frei-heitsgrad für diese Gruppe. Ihre Arbeit wird auf weitreichende strategische Entscheidungen reduziert, die auf exzellenten Datengrundlagen basieren wird. Zusätzlich werden sich die Planungshorizonte massiv verschieben. Strategien wer-den für mehr als 10 Jahre konzipiert. Ziel für diese Gruppe ist die Balance zwischen einem profitablen und kompetitiven Unternehmen und mehr Freizeit und Lebensqualität trotz großer Verantwortung.

7.3.2 Die Rolle des Managements

Die Aufgaben des mittleren Managements werden sich in Richtung des Aufbaus und der Pflege von Beziehungen und Kreativität verschieben, da die alltäglichen kleinen Entscheidungen von den selbstlernenden Algorithmen erledigt werden. Die Algorithmen werden diese Entscheidungen in vielen Bereichen aufgrund der unbegrenzten Ressourcen zur Bewältigung komplexer Echtzeit-Datenbestände besser bewältigen als Menschen. Zudem arbeiten die Computer Tag und Nacht sowie übers Wochenende durch, ohne zu ermüden oder krank zu werden. Prozentuell wird ein Großteil der Management-Arbeitsplätze durch das selbstfahrende Unternehmen obsolet.

Das Tätigkeitsprofil des Managements wird daher qualitativ aufgewertet, ermüdende Routinen entfallen, es wird mehr zwischenmenschlichen Kontakt geben, um sich auf neue Aufgaben ab- und einzustimmen und kreative Lösungen zu finden, die über das Leistungsvermögen der IT hinausgehen. Aufgrund der gesteigerten Agilität der Unternehmen, der Auflösung der klassischen hierarchischen Organisationsstruktur und damit auch der vertikalen sowie horizontalen Abteilungsgrenzen werden diese persönlichen Kontakte stark aufgabenbezogen sein. Die Agilität bewirkt damit eine erhebliche größere Vielfalt, bei der die Manager mit unterschiedlichen Leuten in ebensolchen selbstorganisierenden Teams tätig sind. Sich empathisch auf die Gruppe einzustellen, offen, neugierig und interessiert aufeinander zuzugehen, aktiv zuzuhören und in hoher Gesprächskultur Ideen diskutieren zu können werden die wichtigen Skills der Manager sein. Der Manager und die Managerin werden mehr als Coaches, Counselors und Trainer verstanden. Das erforderliche Basiswissen wird mitgebracht, weitere Informationen werden auf Wunsch in vielfältiger Form von internen und externen Datenquellen zugänglich sein und können mit einfach anzuwendenden Tools zielgerecht aufbereitet werden.

Das Bedürfnis und die Zweckmäßigkeit von direkter Führungsverantwortung wird in den Hintergrund treten. Die direkte Personalverantwortung wird durch die Softwarealgorithmen administriert und selbstorganisierende Teams bedürfen keiner externen Führung: Sie brauchen Motivation und Leadership.

7.3.3   Die Rolle der Wissensarbeiter

An der Schnittstelle zu den Managern sind auch Wissensarbeitende und Sachbearbeitende tätig, vor allem wenn die Beschaffung und Aufbereitung der Daten den Rahmen für das Management sprengt. Aufgrund der vielfältigen Devices, mit Smartphone, Tablet oder Notebook und der Online-Datenspeicherung kann diese Arbeit überall durchgeführt werden. Prinzipiell ist die Arbeit von Wissensarbeitenden ortsungebunden und 2035 werden auch die rechtlichen Rahmenbedingungen entsprechend angepasst sein. Es ist ihnen möglich, überall zu arbeiten. Dennoch werden die Unternehmen moderne Büromöglichkeiten vorsehen, damit sich die Wissensarbeiterinnen und Wissensarbeiter in den vorgesehenen selbstorganisierenden Teams treffen und organisieren können. Selbstverständlich ist die Technologie hier omnipräsent und internationale Teammitglieder oder Personen im Homeoffice können online zu Meetings eingeladen werden und nehmen aktiv an diesen Treffen teil. Videokonferenzsysteme, interaktive Whiteboards, unzählige Kameras und Mikrofone ermöglichen ein hybrides Online- und Präsenzmeeting. Nicht Arbeitsort und Anwesenheit sind relevant, sondern Ergebnisse. Auch die Bindung an das Unternehmen wird für die Gruppe an Wissensmitarbeiterinnen und Wissensmitarbeiter immer wichtiger. Zusätzlich zur selbstverständlichen Diversität des Teams und der Geschlechtergerechtigkeit werden dieser Personengruppe zahlreiche Privilegien zuerkannt. Sie haben ein vollkommen flexibles Arbeitszeitmodell, dass sich vor allem an die unterschiedlichen Bedürfnisse im Leben der Person anpasst. So wird der Wunsch nach einer fordernden Arbeitslast kurz nach der Ausbildung am höchsten sein und zur Geburt des Nachwuchses oder am Ende des Berufslebens am geringsten. Das selbstfahrende Unternehmen plant diese Zyklen für jede Person im Unternehmen ein und organisiert sich damit. Eine spontane Hochzeit inklusive einem Jahr Auszeit – weil anschließende Weltreise – stellt für agile Unternehmensstrukturen kein unlösbares Problem dar. Im Gegenteil wird diese Art der Kreativitätsgewinnung und der Horizonterweiterung als positive Weiterentwicklung durch die Mitarbeitenden gesehen.

Die Skills der Wissensarbeitenden sind Lernbereitschaft und die Fähigkeit, Algorithmen und Daten zu verstehen und in weiterer Folge Informationen zu Erkenntnissen zu transformieren. Diese Erkenntnisse müssen wiederum in die Softwaresysteme programmiert werden.

7.3.4 Die Rolle der Arbeiter und Arbeiterinnen

Die Erkenntnisse aus Abschn. 2.4.5 zu den selbstorganisierenden und softwaregesteuerten Teams sind die Grundlage für das Rollenverständnis und den Alltag der Arbeitenden des selbstfahrenden Unternehmens. Ihre Tätigkeit ist in hohem Grad softwaregestützt.

Die „Vorarbeiter" der selbstorganisierenden Teams erhalten die Aufträge von der Software in ihren Backlog und stimmen sich intern über die Gestaltung der Zusammenarbeit ab. Die Tätigkeit selbst ist ebenfalls durch laufend zur Verfügung stehende Echtzeitdaten gestützt. Immer wieder kommt es auch dazu, bestimmte Verrichtungen gemeinsam mit Robotern oder Digital Twins durchzuführen. Status zum Erledigungsstand, Performance und Qualität der Tätigkeit werden durch das steuernde System erfasst.

Für die Arbeiter und Arbeiterinnen ist der Übergang zu den softwaregesteuerten Teams fließend. Im „Extremfall" erledigen die softwaregesteuerten Teammitglieder ihre vielfältigen, immer wieder neuen Aufgaben gestützt durch exakte Anleitungen, die von Algorithmen aufbereitet werden. Beispiel dafür ist der Austausch eines Bauteils in einem hoch automatisierten Lagersystem, da die Software das Ende seiner Lebensdauer berechnet hat – oder das Wechseln der Messer eines autonomen Rasenmähers. Die generierten Anleitungen für diese Aufgaben sind in hohem Grade visualisiert, animiert und sprachlich gut verständlich aufbereitet.

7.3.5 Die Rolle der Hilfskräfte

Die Rolle der Hilfskräfte wird sich im selbstfahrenden Unternehmen gravierend verändern. Diese werden großteils nicht mehr in einem statischen Anstellungsverhältnis mit einem Unternehmen sein. Sie werden über Online-Plattformen – ähnlich wie Social Media – für einzelne isolierte Aufgaben mit Unternehmen gematcht. Die Zukunft wird zeigen, ob diese allein über Personalüberlassungsfirmen angestellt und vermittelt werden, oder ob sich auch direkte aufgabenbezogene Anstellungsverhältnisse über diese Aufgaben-Vermittlungsplattformen entwickeln werden. Dazu ist einiges an gesetzlicher Entstaubung des Arbeitsrechts in Europa nötig, da man derzeit in die Selbstständigkeit gedrängt wird. Vergleichbar wäre das Beschäftigungsmodell mit der Saisontätigkeit, jedoch wird das Intervall der Tätigkeit auf Wochen, Monate bzw. Tage reduziert.

Die Hilfsarbeitskräfte stellen ihr Bewerbungsprofil, ihre persönlichen Präferenzen und ihre formalen Skills und Ausbildungen in die Plattform ein. Die Software ergänzt automatisch alle angenommenen Aufgaben und ergänzt diese mit der Personenbewertung der beauftragenden Unternehmen. Umgekehrt kann auch die Hilfsarbeitskraft das Unternehmen bewerten. So entsteht ein aufgabenorientiertes Ökosystem, indem ausreichend Human-Ressourcen für Aufgaben aus softwaregesteuerten Teams vorhanden sind.

Für die Menschen in diesem System bedeutet die aufgabenorientierte Arbeitsvermittlung ständig wechselnde und spannende Tätigkeiten. Der Mensch und seine Präferenzen stehen dabei im Vordergrund und es kommt zu einer nie bekannten Wahlfreiheit. In Zeiten des hohen Kapitalbedarfs, z. B. beim Hausbau wird man eher Tätigkeiten mit hoher Entlohnung suchen. Dies kann einfache Arbeit am Hochofen oder es können Nacht-Reparaturarbeiten am Bahngleis oder der Autobahn sein. In Zeiten der Kindererziehung wird man die Tätigkeit reduzieren und zusätzlich Tätigkeiten wählen, die man ggf. remote erledigen kann, z. B. einfache Fehlerbehebungsprogrammierung, manuelle Remote-Steuerung von Robotersystemen oder das Identifizieren von Mustern zum Anlernen von neuronalen Netzwerken. Die Entscheidung über das Ausmaß der Anstellung liegt somit immer bei den Angestellten.

7.4   Wer „ist" das selbstfahrende Unternehmen?

Die Steuerung des selbstfahrenden Unternehmens erfolgt, wie dargestellt in einem hohen Maße automatisiert. Es stellt sich daher die Frage, wer denn nun das selbstfahrende Unternehmen ist: Sind es die Manager oder die Mitarbeitenden? Die Antwort ist, dass es der Eigentümer ist, der das Unternehmen repräsentiert, allein oder zusammen mit den Shareholdern. Ihm oder dieser Personengruppe wird das selbstfahrende Unternehmen dienen, dabei wird es Gewinn erwirtschaften, Jobs schaffen, die öffentliche Hand mit Steuergeldern versorgen und damit aufgrund der günstigen Gewinnprognose durch die erheblich gesteigerte Produktivität für allgemeinen Wohlstand sorgen.

Auf dieser Grundlage kann das Unternehmen auch seine sozialen Aufgaben erfüllen, indem es seinen Mitarbeitern Sicherheit und attraktive Tätigkeitsfelder bietet. Aufgrund der langfristig günstigen Kosteneffekte werden die Mitarbeiterinnen und Mitarbeiter mit vergleichsweise geringer Arbeitszeit außergewöhnlich gut bezahlt.

Die Rollen der Eigentümer und Geschäftsführer werden stärker miteinander verschmelzen, denn es wird aufgrund der Transparenz und der laufenden hochwertigen Forecasts einfacher, das Unternehmen zu steuern. Es wird nicht mehr erforderlich sein, in 80-h-Wochen täglich zehn Meetings zu absolvieren, wenn ein Großteil der operativen und taktischen Entscheidungen vollständig automatisiert ist. Damit wird das selbstfahrende Unternehmen für Wohlstand seiner Manager und Eigentümer sorgen und Ihnen mehr Freiheit und Lebensqualität verschaffen. Wer möchte, kann natürlich auch mehr arbeiten und noch mehr verdienen, auch diese Entscheidungsfreiheit wird gegeben sein.

7.5   Das selbstfahrende Unternehmen – von Menschen für Menschen

Wie in den vorangegangenen Kapiteln anhand vieler Beispiele und Details dargelegt wurde, ist das selbstfahrende Unternehmen eine attraktive Vision, die für alle beteiligten Menschen vielfältige Vorteile erbringt. Es befreit uns als Mitarbeitende von lähmenden, immer wiederkehrenden Routinen und sorgt dafür, dass wir unsere wahren Potenziale entfalten und uns je nach Lebensphase und den damit verbundenen Wünschen einbringen können. Als Kunden und Kundinnen werden unsere Bedürfnisse besser denn je verstanden, es wird leichter denn je, genau das zu bekommen was wir auch wirklich wollen. Unsere Produkte werden besser und nachhaltiger sein, dafür sorgen die enormen freigesetzten Ressourcen in den

Unternehmen. Jene Betriebe, die sich dieser Entwicklung widersetzen wollten, haben dann längst zugesperrt, nur erstklassige kleine Nischenanbieter bereichern mit ihren hochwertigen, handwerklichen Produkten das Angebot am Markt.

Als Eigentümer und Führungskräfte müssen wir nicht mehr – wie noch in den 2020er Jahren – 70 Wochenstunden schuften. Müssen uns nicht mehr mit lästigen Kontrollen, einer Flut von E-Mails und ständigen personellen Konflikten auseinandersetzen. Dafür sorgt die einheitliche, klare Ausrichtung des gesamten Organismus auf gemeinsame Ziele und die Entlastung von den ständigen kleinen operativen Entscheidungen.

In den kommenden Jahren wird sich die Idee der selbstfahrenden Unternehmen von einer wirtschaftswissenschaftlichen Idee weiterentwickeln und auch unsere Politik, Gesellschaft und die Gesetzgebung durchdringen. Viele Rahmenbedingungen werden an diesen zukünftigen hochautomatisierten Organismen ausgerichtet werden. Die Gesellschaft als Ganzes wird durch die hocheffizienten steuerzahlenden Unternehmen und Mitarbeitende profitieren und damit die Übergangseffekte für Benachteiligte dieser Transformation mehr als ausgleichen. Das Leben wird für die Menschen in einer Gesellschaft mit humanitär ausgerichteten selbstfahrenden Unternehmen lebenswerter und unsere Arbeitstätigkeit menschlicher.

Nun liegt es an uns zuzusehen, dass dieser Fortschritt ein echter Fortschritt im Sinne der Gestaltung von humanen Unternehmen für eine bessere Welt ist. Die vielen Erkenntnisse in diesem Buch lassen jedoch hoffen, dass dies gelingen wird. Vor allem die absolute Transparenz der selbstfahrenden Unternehmen hin zu den Kunden, zu den Mitarbeitenden, zum Staat und der Gesellschaft wird zunehmend für die Bündelung aller Kräfte in die richtige Richtung sorgen.